AF593146

DÉLIMITATION

DE LA MER

A

L'EMBOUCHURE DE LA SEINE

PARIS

BERGER-LEVRAULT ET Cie

Éditeurs de la Revue maritime et coloniale et de l'Annuaire de la Marine

5, RUE DES BEAUX-ARTS, 5

MÊME MAISON A NANCY

1882

DÉLIMITATION DE LA MER

À

L'EMBOUCHURE DE LA SEINE

(Extrait de la *Revue maritime et coloniale.*)

DÉLIMITATION

DE LA MER

A

L'EMBOUCHURE DE LA SEINE

PARIS

BERGER-LEVRAULT ET Cie

Éditeurs de la Revue maritime et coloniale et de l'Annuaire de la Marine

5, RUE DES BEAUX-ARTS, 5

MÊME MAISON A NANCY

1882

DÉLIMITATION DE LA MER

A

L'EMBOUCHURE DE LA SEINE

Résumé de la législation et de la jurisprudence en matière de délimitation de la mer[1].

L'ordonnance de 1681, admirable monument législatif auquel est attaché le nom de Colbert et qui suffirait pour l'illustrer, avait fixé les attributions de l'Amirauté et maintenu sa juridiction sur les côtes, ports, rades et rivages de la mer, sur le commerce et la navigation maritimes. Elle n'avait pas dérogé aux actes antérieurs qui faisaient remonter cette juridiction aux embouchures des fleuves et rivières jusqu'où le flot de mars se fait sentir et où commençait celle des officiers des maîtrises des eaux et forêts, en vertu de l'édit de 1669. — Le titre VII (livre IV) de cette ordonnance traitait du rivage de la mer qui déjà n'était plus susceptible de propriété privée et que l'article 538 du Code civil a définitivement fait entrer dans le domaine public. L'article 1er de ce titre, bien souvent cité en cette matière, est ainsi conçu : « *Sera réputé bord et rivage de la mer tout ce qu'elle couvre et découvre pendant les nouvelles et pleines lunes, jusqu'où le flot de mars se peut étendre sur les grèves.* »

Le législateur de 1681 n'avait en vue, comme l'indique la rédaction

---

[1] Le lecteur pourra consulter avec fruit sur ce sujet le *Cours d'administration* de M. le commissaire général Fournier (*Domanialité publique maritime*).

de cet article, que les côtes de l'Océan et de la Manche soumises aux marées. La jurisprudence a maintenu dans la Méditerranée l'ancien droit romain qui bornait la mer à la limite du grand flot d'hiver au lieu du flot de mars. Après bien des hésitations, elle a conservé au mot *grève*, dont on avait voulu restreindre le sens à une nature spéciale de rivage, la signification de rivage en général que l'ordonnance lui donne en plusieurs passages.

Le but évident de l'article précité est de fixer, le long d'une côte ininterrompue, la limite qui sépare le rivage de la mer, c'est-à-dire le domaine public maritime, des terrains contigus susceptibles de propriété privée. Il ne fournit d'ailleurs aucune règle pour déterminer les points de l'embouchure d'un fleuve où les rivages de la mer deviennent les rives du fleuve ; points par lesquels passe la ligne de délimitation dite *transversale* ou la limite de la mer.

Aucun autre texte de l'ordonnance de 1681 ne fait connaître les bases de cette détermination et cette lacune est d'autant plus regrettable que la propriété des alluvions est régie par des lois différentes en amont et en aval de la ligne séparative de la mer et d'un fleuve. — En amont, les alluvions imperceptiblement formées et attenantes à la rive appartiennent aux propriétaires riverains ; en aval, toutes les alluvions font partie du domaine public.

L'administration, que la loi du 22 décembre 1879 avait chargée d'assurer la conservation du domaine public, tirait de sa mission le droit de le délimiter. Il semble, d'après les arrêts des cours et tribunaux auxquels ont été soumis les nombreux litiges amenés par ses décisions, qu'elle s'est trop longtemps laissé guider par une fausse interprétation de l'ordonnance de 1681, en prenant pour limite de la mer dans les embouchures des fleuves les points extrêmes atteints par le flot de mars dans ces embouchures ; tandis que la limite de ce flot ne doit servir, d'après l'article de cette ordonnance déjà cité, qu'à borner le rivage de la mer le long des grèves. Cette prétention d'incorporer dans le domaine public les rives des fleuves atteintes par le flot de mars a été justement condamnée par plusieurs arrêts des cours judiciaires, parmi lesquels on peut citer ceux de la cour de Rennes en 1829 et de la Cour de cassation en 1830, dans l'affaire de la *Penfeld*, de la cour de Rouen en 1840 et de la Cour de cassation en 1841, dans l'affaire de la *basse Seine* (affaire *Manneville*), et enfin l'arrêt de la Cour de cassation en 1869, dans l'affaire de la *Vie*.

En déclarant que l'envahissement des rives d'un fleuve par la marée n'avait pas pour effet de les incorporer au domaine public, ces arrêts proclamaient une vérité qui n'est plus contestée aujourdhui; mais quelques-uns allaient plus loin et dépassaient le but lorsque, dans leurs motifs, ils créaient des règles pour opérer les délimitations et fixaient même, en les appliquant, les limites de la mer dans les embouchures de fleuves où ces limites étaient l'objet d'un litige.

Ainsi la cour de Rouen[1], dans les motifs de son arrêt de 1841, indiquait la ligne du Hoc à Honfleur comme la limite de la mer à l'embouchure de la Seine, et les requérants, dans le litige auquel a donné lieu la détermination de cette limite par l'administration, n'ont pas manqué de s'en prévaloir contre celle fixée par le décret de 1869.

La Cour de cassation, pour conjurer le péril que pouvait faire courir à la propriété privée le droit de délimitation reconnu à l'autorité administrative, avait même admis une distinction entre les limites administratives du domaine public, que cette dernière autorité pouvait tracer arbitrairement d'après ses convenances, et les limites naturelles de ce même domaine qui pouvaient être fixées par l'autorité judiciaire. Elle avait reconnu à celle-ci le droit d'accorder des indemnités aux propriétaires des terrains situés en dehors des limites naturelles du domaine public et compris cependant dans ce domaine par la délimitation administrative. Enfin, elle avait été jusqu'à introduire dans les motifs de son arrêt de 1869, sur l'affaire de la Vie, une règle de délimitation basée sur la configuration physique de l'embouchure du fleuve où il fallait délimiter la mer; règle invoquée aussi par les requérants dans la même affaire de la basse Seine et qui consisterait à *arrêter la limite de la mer là où les falaises et les grèves sont interrompues par les rives du fleuve, et réciproquement, celui-ci se prolongeant jusqu'au point où elles coupent les falaises ou le rivage de la mer.*

Mais le Conseil d'État, tout en respectant la compétence de l'autorité judiciaire en matière de propriété privée et son droit d'accorder des indemnités aux propriétaires lésés, munis de titres légitimes, n'avait jamais cessé de revendiquer pour l'autorité administrative le droit exclusif de fixer les limites naturelles de la mer, les seules que reconnaissait le Conseil et que l'administration était autorisée à fixer. Plusieurs

[1] La même cour avait déclaré fluviale la navigation de Rouen au Havre. — L'effet de cette déclaration a été annulé par l'article 1er du décret du 1er mars 1852, qui dispose que la navigation est maritime jusqu'à la limite de l'inscription maritime.

arrêts du Conseil d'État de 1842 à 1854 repoussaient même tout recours contentieux contre les opérations de délimitation administrative.

Un décret du 21 février 1852, qui a force de loi en raison de son objet et de sa date, est venu donner une base nouvelle et plus solide aux compétences respectives du Conseil d'État et des tribunaux judiciaires.

L'article 2 de ce décret dispose que les *limites de la mer seront déterminées par des décrets du Président de la République rendus dans la forme des règlements d'administration publique, tous les droits des tiers réservés, sur le rapport du ministre des travaux publics lorsque cette délimitation aura lieu aux embouchures des fleuves et rivières* [1].

Bien qu'il ne donne pas de règles pour opérer cette délimitation et qu'il laisse subsister ainsi la lacune de l'ordonnance de 1681, le décret de 1852 a fait faire un pas à la législation en consacrant la compétence exclusive du pouvoir administratif en cette matière, avec la seule réserve des droits de propriété des tiers dont l'appréciation appartient aux tribunaux judiciaires. D'autre part, le Conseil d'État a graduellement modifié sa jurisprudence en ce qui concerne les recours contre les opérations de délimitation. Il a admis qu'une délimitation inexacte pouvait constituer un excès de pouvoir et il a statué sur plusieurs recours n'ayant pas d'autres motifs, notamment dans l'affaire de la *Canche* en 1863 et de la *Cafette* en 1866.

On comprend, dit M. Aucoc dans un article de la *Revue critique de législation,* écrit en 1869, qu'en présence de cette jurisprudence qui n'admettait aucun recours contre les arrêtés des préfets portant délimitation du lit des fleuves, la Cour de cassation se soit attribué le pouvoir d'en vérifier les limites naturelles et d'accorder une indemnité aux riverains; mais le Conseil d'État n'a pas tardé à reconnaître que ses scrupules étaient exagérés. Il a admis les riverains à discuter les actes administratifs qui fixent les limites du domaine public et à les attaquer pour excès de pouvoir.

Depuis l'époque où écrivait M. Aucoc, la Cour de cassation semble avoir renoncé à la théorie des limites naturelles du domaine public et

[1] Il est dit, dans le même article, que le décret de délimitation sera rendu sur le rapport du ministre de la marine, lorsque cette délimitation aura lieu sur tout autre point; mais le cas ne s'est jamais présenté. On ne voit pas d'ailleurs, *à priori*, comment il peut y avoir lieu à délimiter la mer lorsque celle-ci n'est pas contiguë à un cours d'eau.

à prétendre les tracer. Le Tribunal des conflits, par un arrêt de 1873, a d'ailleurs fixé définitivement le sens du décret de 1852 et les règles des compétences administrative et judiciaire en matière de délimitation et d'indemnités. D'après cet arrêt, les tiers dont les droits sont toujours réservés peuvent se pourvoir soit devant l'autorité administrative pour faire rectifier les délimitations, soit devant le Conseil d'État à l'effet de faire annuler pour excès de pouvoir les arrêtés de délimitation qui porteraient atteinte à leurs droits. Ils ne peuvent en aucun cas s'adresser aux tribunaux de l'ordre judiciaire pour faire rectifier ou annuler les actes de délimitation du domaine public et se faire remettre en possession des terrains dont ils se prétendent propriétaires.

Mais il n'appartient qu'à l'autorité judiciaire, lorsqu'elle est saisie d'une demande en indemnité formée par un particulier, qui soutient que sa propriété a été englobée dans le domaine public, de reconnaître ce droit et de régler, s'il y a lieu, cette indemnité.

Enfin, il semble résulter de l'arrêt du Conseil d'État du 3 mars 1882, dans l'affaire de la basse Seine, que le recours contre un décret de délimitation est recevable au cas même où il ne serait entaché d'aucun excès de pouvoir; c'est-à-dire que ce recours ne se distingue plus en aucune façon des recours contentieux ordinaires.

Le décret de 1852 n'ayant fixé aucune règle pour la délimitation de la mer, il fallait y pourvoir par des instructions ministérielles. Celles du ministre de la marine aux fonctionnaires de son département, en date du 23 mars 1852, renfermaient ce qui suit :

Aux termes du décret du 21 *février* 1852, *les préfets des départements détermineront, sous la direction du ministre des travaux publics, les limites de la mer aux embouchures des fleuves et rivières. — Je crois opportun de faire observer aux administrateurs de la marine qui sont régulièrement désignés pour faire partie des commissions spéciales, que cette limite doit être fixée au point où les eaux cessent d'être salées d'une manière sensible, où l'on ne remarque plus de dépôts marins, où l'influence des eaux sur la végétation n'est ni nuisible ni délétère, où l'on ne rencontre plus d'herbes marines, ni aucun fait géologique prouvant une action puissante de la mer.*

On voit que ces instructions, assez vagues d'ailleurs, ne faisaient aucune allusion à la configuration physique du rivage et ne mentionnaient, comme caractères distinctifs de la mer ou des fleuves, que la nature des eaux, des alluvions et de la végétation qui les recouvrait.

Comment fallait-il comprendre le passage où il était question de la salure des eaux ? Les premières délimitations ont dû nécessairement se ressentir de cette incertitude. Il résulte, en effet, d'une lettre du ministre de la marine au préfet maritime de Brest, en date du 9 octobre 1855, publiée au *Bulletin officiel*, que, sur 20 délimitations faites aux embouchures des rivières dans le deuxième arrondissement maritime, 10 bornaient la mer à la limite extrême de la salure, 4 en amont et 6 en aval de cette limite. Le ministre repoussait l'opinion du préfet maritime qui considérait la limite de la mer et celle de la salure des eaux comme identiques. Il prescrivait néanmoins de reporter en amont jusqu'à la limite de la mer celle de la salure des eaux dans tous les cas où elle se trouvait en aval de la première.

Précédemment, pour justifier le défaut de précision des instructions ci-dessus, le ministre de la marine, dans une lettre au président de la section de la guerre et de la marine du Conseil d'État, datée du 21 juin 1855, et insérée au *Bulletin officiel*, se référait à la fois à l'article 1er (livre IV, titre VII) de l'ordonnance de 1681, qui cependant n'est pas applicable à la délimitation transversale et à l'avis du Conseil d'État du 24 février 1850.

A vrai dire, cet avis du Conseil d'État récemment invoqué par les avocats des requérants dans l'affaire de la basse Seine, n'était guère plus explicite que les instructions ministérielles. Il reconnaissait qu'en matière de délimitation, les bases d'appréciation devaient être données par la nature des terrains et la forme des rives, auxquelles on pouvait réunir les considérations tirées de la salure des eaux ; d'où il suivait que l'appréciation des faits et circonstances devait fournir les éléments de la solution à donner dans chaque espèce. En introduisant la forme des rives parmi les éléments de décision, l'avis n'indiquait pas comment on devait en tenir compte dans la délimitation.

Trois principes différents semblent se dégager à ce sujet de divers arrêts de tribunaux et cours judiciaires, des opinions des jurisconsultes et des résultats des délimitations opérées jusqu'ici ; mais aucun ne fournit un *criterium* sûr applicable à tous les cas. On a déjà cité les motifs de l'arrêt de 1869 de la Cour de cassation, dans l'affaire de la Vie, qui tendent à fixer les limites de la mer au point le plus bas de l'embouchure des fleuves, à une ligne tirée dans le prolongement des côtes extérieures et fermant la brèche qu'y fait cette embouchure. Il n'est certainement pas admissible que le cours d'un fleuve se continue en aval de cette ligne quand même ses eaux, en raison de leur grand volume, resteraient à peu près douces à une grande distance en mer, comme il arrive, par exemple, à l'embouchure de l'Amazone. Cette règle peut donc indiquer une limite extrême, en aval, des différentes positions qu'il serait permis d'assigner à la ligne séparative de la mer et du fleuve ; mais non cette ligne elle-même, qui peut en être fort éloignée en amont, si, au lieu d'un grand fleuve, il s'agit d'une petite rivière débouchant dans un large et profond estuaire. Dans le cas de la *Loire* et de la *Gironde*, la limite de la mer paraît avoir été fixée d'après la règle ci-dessus ; mais il en a été tout autrement dans la plupart des autres délimitations opérées sur nos côtes de l'Océan et de la Manche. Elles ont laissé à la mer les nombreux estuaires remplis d'eau salée dans lesquels se déchargent les rivières auxquelles ils auraient été incorporés si les commissions de délimitation avaient appliqué la règle dont il s'agit. Les rades de Brest, de Lorient, l'embouchure de l'Odet, le Morbihan et le bassin d'Arcachon sont dans ce cas.

M. Aucoc a cru voir le *criterium* cherché dans la cessation du parallélisme des rives du fleuve. *Par quelle considération,* dit-il à ce sujet dans son *Cours de l'École des ponts et chaussées* (1865-1866, p. 492), *doit se déterminer l'autorité administrative? Par la configuration des lieux. Tant que les eaux roulent entre les deux rives sensiblement parallèles, il y a un fleuve. Quand ce parallélisme cesse, ce fait, joint à la salure et à la nature des eaux, à la nature des bords, indique qu'on est à la mer.*

Nous admettons volontiers avec l'éminent jurisconsulte que le fleuve existe toujours tant que ses rives restent parallèles ; mais il résulte des réserves mêmes de M. Aucoc sur la salure et la nature des eaux, que ce parallélisme peut cesser sans que la mer ait pris la place du fleuve. Il ne faut donc voir dans cette seconde règle que l'indication d'une limite extrême en amont des positions qu'il serait permis d'attribuer à la ligne séparative de la mer et d'un fleuve. Si les rives de ce fleuve s'écartent brusquement, si ses eaux ne remplissent alors qu'une faible partie de l'estuaire dans lequel elles se versent, si enfin la marée pénètre avec une grande hauteur dans cet estuaire, la limite de la mer peut coïncider avec la cessation du parallélisme. Elle en est fort éloignée en aval si, comme dans la Loire et la Gironde, le lit du fleuve s'élargit graduellement en entonnoir.

Appliquée aux embouchures de nos grands fleuves, la règle du parallélisme aurait conduit à faire remonter la mer dans la Seine à Quillebœuf, dans la Loire au-dessus de Paimbœuf, et dans la Gironde jusqu'à Pauillac; c'est-à-dire beaucoup au-dessus des limites fixées par les décrets de délimitation.

Enfin, on invoque quelquefois une troisième règle, qui consiste à tracer la limite de la mer au dernier rétrécissement du lit du fleuve. Elle est d'accord avec les résultats des délimitations faites aux embouchures de la Loire, de la Gironde et même de plusieurs petites rivières dont le dernier pont en aval a été pris pour fixer la limite de la mer; mais, comme la première règle, elle étend le caractère fluvial à un grand nombre de golfes, de rades et d'estuaires dont le caractère maritime est incontestable et a été reconnu par les commissions de délimitation.

Il n'est donc aucune règle sûre basée sur la configuration physique des côtes et des rives des fleuves à leur embouchure qui puisse guider dans la détermination de la limite de la mer, en exécution de l'article 2 du décret de 1852. Le défaut commun à toutes ces règles est d'admettre *à priori* un lien nécessaire entre cette configuration et cette limite, sans tenir compte des volumes d'eau de mer apportés par les marées, des volumes d'eau douce versés par le fleuve, et des modifications que le temps et certaines circonstances météorologiques ou géologiques peuvent amener dans les rapports de ces volumes sans que la configuration physique des côtes et des bords du fleuve soit cependant changée. *Les eaux des fleuves et de la mer ont leurs caprices. Ce qui est vrai aujourd'hui pouvait ne l'être plus il y a quelques années*, disait M. Aucoc dans ses conclusions sur l'affaire de la Gafette. La fidèle exécution de la loi exige donc que les règles de la délimitation de la mer soient surtout basées sur l'examen attentif de la nature et du caractère actuels des eaux qu'il s'agit de délimiter. Sans doute, le mélange d'eau de mer et d'eau douce qui s'opère dans les estuaires ne permet pas de tracer une ligne séparative qui laisse toujours le fleuve en amont et la mer en aval avec l'intégrité des caractères propres à leurs eaux respectives. Et, cette ligne pourrait-elle être tracée, que sur les côtes à marées elle serait incessamment entraînée en amont et en aval par les mouvements du flux et du reflux. Il ne peut donc être question dans tous les cas que d'en fixer la position moyenne. Or, elle dépend surtout du rapport dont nous avons parlé entre les volumes des eaux apportées dans les estuaires par la mer ou les fleuves; de même que, si deux vases contenant des liquides différents communiquent par un long tuyau, la position du plan de séparation des deux liquides dans le tuyau dépendra non de la forme des vases, mais des volumes respectifs des liquides qui y seront versés.

La nature des eaux caractérisée par leur salure et leurs dépôts reste donc, comme l'écrit M. le commissaire général Fournier dans son *Cours d'administration*, le véritable *criterium* qui doit guider dans les opérations de délimitation de la mer.

Il convient cependant de remarquer, en terminant ces explications destinées à mieux faire comprendre la portée du litige tranché par l'arrêt du Conseil d'État du 3 mars 1882 et dont nous publions les principaux documents, que s'il s'agit d'un estuaire dans lequel vient se jeter un fleuve, le degré moyen de salure des eaux de cet estuaire dépend lui-même de la configuration de son lit et du lit du fleuve; car les volumes des eaux apportées par la mer et le fleuve, du rapport desquels dépend le degré moyen de salure, ont pour bases les surfaces respectives des lits de l'estuaire et du fleuve, et pour hauteurs celle de la marée et la profondeur de ce fleuve. Si le lit de celui-ci est resserré et peu profond, et si, en outre, comme à l'embouchure de la Seine, la marée se répand avec une grande hauteur sur une vaste surface, les eaux salées doivent inévitablement prédominer dans l'estuaire et par suite la limite de la mer peut atteindre le point où le lit du fleuve à mer basse pénètre dans l'estuaire.

Dans ce cas, la configuration des lieux fournit une indication précieuse pour opérer la délimitation de la mer; mais il s'agit de cette configuration que dessinent les cartes hydrographiques et qui, comme elles, subit d'incessantes modifications dues à l'action des eaux, des agents de la nature ou du travail de l'homme; tandis que les reliefs des côtes et des rives, sans échapper entièrement à l'action du temps, s'altèrent avec beaucoup plus de lenteur.

Visite des lieux sur les rives nord et sud de l'estuaire de la Seine par une commission du Conseil d'État.

La détermination de la limite transversale de la mer à l'embouchure de la Seine n'a eu lieu que par un décret du 24 février 1869 qui a fixé cette limite à une ligne tirée de la pointe du Hode, sur la rive droite, à l'abbaye de Grestain, en aval de l'embouchure de la Rille, sur la rive gauche. Un autre décret du 8 juin 1877 a fixé la limite latérale ou longitudinale du rivage de la mer en aval de cette ligne, d'après les observations de la marée faites le 30 mars 1873, par une commission de délimitation, sur les deux bords de l'estuaire.

Les propriétaires riverains, qui avaient depuis longtemps la jouissance des alluvions au-dessous de la ligne du Hode à Grestain et qui s'en estimaient les légitimes propriétaires, ont formé devant le Conseil d'État des recours contre le décret de 1869 dès l'instant où celui de 1877 les a dépossédés.

Avant de statuer au fond sur les conclusions des parties, le Conseil a pris, le 22 juillet 1881, la décision suivante :

« Considérant que les pourvois des sieurs et dames Duval et autres, Germain et autres, Droulin et autres tendent à l'annulation d'un même décret ; qu'il y a lieu de les joindre pour y être statué ensemble ainsi qu'il pourra appartenir en l'état ;

« Considérant que les requérants ci-dessus dénommés soutiennent que les terrains qui ont été compris par le décret ci-dessus visé du 9 juin 1877 dans le domaine public de l'État comme faisant partie du rivage maritime, sont en rive de Seine ; que, d'autre part, ces terrains ne sont pas couverts par les eaux du fleuve coulant à pleins bords avant tout débordement ; que, dès lors, lesdits terrains leur appartiennent en qualité de riverains de la Seine à titre d'alluvions fluviales ; que l'administration soutient au contraire que les terrains dont il s'agit sont bordés par la mer ; qu'ils sont couverts par le grand flot de mars, et que, par suite, par application de l'ordonnance d'août 1681 sur la marine, ils font partie du rivage maritime et, par conséquent, du domaine public de l'État ;

« Considérant que l'état de l'instruction ne permet pas de statuer immédiatement au fond sur les prétentions respectives des parties ;

« Mais considérant que les sieurs Duval et autres ci-dessus dénommés ont conclu subsidiairement à ce qu'il soit procédé à telle mesure d'instruction qu'il appartiendra; que les ministres des travaux publics et des finances, au nom de l'État, ont déclaré ne pas s'opposer au supplément d'instruction demandé; qu'il y a lieu, en cet état, de décider qu'il sera procédé, avant faire droit, tous droits et moyens réservés, à une visite des lieux, en présence des parties ou elles dûment appelées, par une commission déléguée à cet effet par le Conseil d'État au contentieux, laquelle sera composée ainsi qu'il sera dit ci-dessous, pour être ensuite, sur le rapport de ladite commission, statué au fond ainsi qu'il appartiendra ;

« Décide :

ARTICLE PREMIER.

« Il sera procédé avant faire droit au fond, tous droits et moyens réservés, à une visite des lieux, en présence des parties ou elles dûment appelées, par MM. Laferrière, président de la section du contentieux, le vice-amiral Bourgois et Tirman [1], conseillers d'État, auxquels s'adjoindront MM. Mathéus, maître des requêtes, rapporteur, et Le Vavasseur de Précourt, commissaire du Gouvernement, pour être ensuite statué par le Conseil d'État au contentieux ainsi qu'il appartiendra.

ART. 2.

« Expédition de la présente décision sera transmise aux ministres de la marine et des colonies, des travaux publics et des finances. »

---

[1] Aujourd'hui gouverneur général de l'Algérie.

Rapport présenté au Conseil d'État statuant au contentieux, par M. le vice-amiral Bourgois, conseiller d'État, au nom de la commission instituée par la décision du 22 juillet 1881.

I.

VISITE DES LIEUX. (RÉSUMÉ.)

La commission, arrivée au Havre le 8 août au soir, s'est réunie le lendemain matin à 9 heures à l'hôtel de la sous-préfecture, pour fixer le programme de ses opérations et le faire connaître aux ingénieurs des ponts et chaussées, au commissaire de l'inscription maritime et aux propriétaires riverains intéressés, appelés à y assister.

Ce programme consistait à examiner successivement : 1° la zone maritime de la baie, reconnue telle par les parties ; 2° la zone litigieuse; 3° la zone fluviale reconnue telle par l'administration, d'après les délimitations de 1869 et de 1877.

Dans la zone litigieuse, deux visites devaient être faites, l'une à marée basse et l'autre à marée haute. La commission se réservait en outre de faire prélever des échantillons des terrains litigieux et des eaux qui les atteignent et d'en faire vérifier la nature par des analyses ultérieures.

Une seule observation méritant d'être notée a été faite à cette réunion. Le président du syndicat des propriétaires de la rive droite, M. Breauté, a exprimé la crainte que les circonstances météorologiques et atmosphériques actuelles ne nuisissent au succès de la mission de la commission.

Il faisait allusion à l'existence d'un fort vent d'Ouest qui a porté la hauteur de la marée à 8 mètres au lieu de 7^{m},80, qu'indiquait l'*Annuaire*.

La commission n'a pas pensé que ces circonstances fussent de nature à entraver sa mission, ni à en affaiblir la portée au point de vue des constatations demandées par le Conseil.

Elles lui procuraient au contraire l'avantage d'observer les effets d'une marée égale en hauteur à celle du plus grand flot de mars et de beaucoup d'autres grandes marées de l'année.

Conformément au programme arrêté, la commission s'est transportée successivement sur un point du rivage à l'Ouest du phare du Hoc, auprès de ce phare et à la pointe même du Hoc, à l'embouchure de la Lézarde, en suivant une levée en terre, recouverte par de gros galets, qui défend de l'invasion de la mer les terrains adjacents cultivés en prairies. Sur ces différents points, elle a fait prendre des échantillons de terrain et d'eau. La quantité de sel marin, pour un litre d'eau recueilli à mi-jusant près du phare du Hoc, a été trouvée de $26^{gr},07$.

La commission a constaté, en outre, par des comparaisons ultérieures avec les cartes de l'hydrographie française, que la pointe du Hoc se transporte graduellement vers l'Est par suite de l'entraînement des galets dont elle est en partie formée et que les épis construits sur la levée sont impuissants à arrêter. (Voir la carte.)

Sur la rive gauche de la Lézarde sont des terrains litigieux qui s'étendent jusqu'au cap du Hode et qui consistent en vastes prairies naissantes assez rarement visitées par les eaux. A $2^h,30^m$, c'est-à-dire une heure et demie avant la fin du jusant, ces terrains étaient découverts. L'herbe assez maigre semblait avoir été fauchée depuis peu ; on remarquait quelques digues en terre d'une faible élévation, dont le but avait été sans doute d'accélérer la formation des atterrissements.

La comparaison des cartes n° 898 dont les travaux datent de 1834 et n° 2,088 qui date seulement de 1875, semble indiquer un exhaussement de ces terrains d'environ 6 centimètres par an, qui n'est pas particulier à cette partie des terrains litigieux et qui trouve son explication naturelle dans l'accumulation sur le sol de détritus végétaux, d'engrais animaux et de poussières apportées par le vent et retenues par la végétation naissante.

La commission s'est rendue ensuite sur les terrains d'alluvions situés un peu en aval du cap du Hode.

C'était au moment de la basse mer. On voyait s'étendre vers l'estuaire une vaste plaine presque horizontale, coupée de distance en distance par des canaux d'écoulement, couverte d'une herbe récemment fauchée, et sillonnée en quelques points par des traces de voiture. D'assez nombreux travailleurs chargeaient sur des charrettes les foins récoltés. Plusieurs bateaux, employés sans doute à l'exploitation, étaient échoués en travers, dans la crique formée par l'embouchure du ruisseau.

La première moitié du trajet de la route à la berge, sur une longueur d'environ 1 kilomètre, s'est faite sur un terrain qui ne semblait pas avoir été couvert par la marée précédente. Puis la commission a marché sur un terrain marécageux dont l'imbibition, légère d'abord, augmentait à mesure qu'on se rapprochait de la berge, jusqu'à rendre la marche fort pénible. Cette berge abrupte et peu élevée, que les eaux submergent seulement pendant les grandes marées, porte la trace évidente de la corrosion produite par les courants [1]. Elle laisse apercevoir les couches successives et inégalement épaisses de sable, d'argile et de terre végétale dont l'alluvion est formée.

Au large de la berge s'étend la plage de sable gris et de vase qui descend vers le chenal de l'estuaire avec une pente assez rapide et qui était découverte sur une grande étendue. Elle ne porte aucune trace de végétation, comme les bancs de l'intérieur de l'estuaire qui, pour cette raison, ont reçu le nom de *bancs blancs*.

La commission a fait prendre encore divers échantillons de terre et

---

[1] La commission, tout en constatant la puissance de ces érosions, n'a pu vérifier s'il s'agissait d'une érosion normale ou d'un de ces phénomènes dont la périodicité a été depuis longtemps reconnue par les observateurs et a été constatée en ces termes dès 1830 par la Société de géographie :

« L'apparition des atterrissements (dans le cours de la basse Seine) est en général subite; cependant, ils s'accroissent encore pendant l'espace de six mois à un an; alors ils restent stationnaires pendant un temps plus ou moins long; mais bientôt les causes qui les avaient produits viennent les détruire et en forment de nouveaux sur un autre point. C'est ainsi que se forment sur la rive droite de la Seine les atterrissements qu'on trouve, par intervalle, en face de Radicatel, Tancarville, Saint-Vigor, Sandouville, Oudalle, Rogerville et Orcher.

« La rive gauche et le milieu du fleuve en présentent aussi de semblables qui sont soumis aux mêmes variations.

« L'étendue de ces atterrissements est immense; chaque portion se compose d'une superficie qu'on peut évaluer de 1,000 à 2,000 hectares.

« Les modifications que le cours du fleuve éprouve dans ces circonstances n'ont rien de fixe, ni pour les époques ni pour la durée : on en a vu subsister à peine deux ou trois ans et d'autres prolonger leur existence pendant quinze à vingt ans.

« Enfin, on évalue à cinq environ le nombre des changements que le lit du fleuve éprouve pendant la durée d'un siècle.

« Dans la première année qui suit la formation d'un atterrissement, le sol abandonné par le fleuve est absolument nu et improductif.

« Dans les années suivantes, on y aperçoit une mousse légère; on y voit prendre quelques plantes de criste marine (*Salicornia herbacea*), au milieu desquelles quelques autres plantes échappées présentent aux moutons une nourriture agréable et salutaire. Bientôt ces plantes s'y multiplient, et ce terrain, en quelque sorte reconquis sur les eaux, se couvre d'herbes et devient un pâturage abondant.

« Il ne faut pas croire cependant que jamais le fleuve l'abandonne en entier; aux époques mêmes de sa plus grande prospérité, il le couvre de ses eaux deux fois chaque mois, c'est-à-dire lors des grandes marées, des nouvelles et pleines lunes.

« Les habitants des communes riveraines de la Seine sont en possession immémoriale de faire conduire leurs bestiaux au pâturage sur ces terrains, aussitôt que l'herbe s'y laisse apercevoir, et continuent à les faire dépouiller jusqu'à l'instant de leur disparition. » (Extrait du *Bulletin de la Société de géographie*, t. VII, nº 50, p. 274, cité par M. Antoine Passy dans sa *Description géologique du département de la Seine-Inférieure*, p. 60.)

Dans le même ouvrage de M. A. Passy, on lit (p. 63) ce qui suit sur la corrosion des berges : « Tant que la plage de sable est en plan longuement incliné, sans débord vertical, les eaux n'enlèvent pas; mais si, par un accident quelconque, ce plan se trouve coupé et forme une section verticale, les eaux le sapent par-dessous; il se fend à sa surface et tombe avec fracas. »

d'eau. Elle a recueilli quelques éponges de mer (amas d'œufs de buccin) sur le terrain que les eaux avaient abandonné ; puis elle est rentrée au Havre.

La journée du 10 août devait être employée encore, sur la rive droite, à examiner la limite de l'invasion de la marée haute et à recueillir près de la pointe de Tancarville, sur des alluvions attribuées aux propriétaires riverains à titre d'alluvions fluviales, des échantillons de terrains destinés à servir de termes de comparaison avec ceux des terrains litigieux situés en aval.

Le vent soufflait encore très-fort du S.-O. et le marégraphe indiquait une marée de 8^{m},05.

Un peu avant l'heure de la pleine mer, la commission était arrivée, par la même route que la veille, sur un point situé entre Rogerville et Oudalle. Elle avait mis pied à terre et s'était dirigée vers le rivage en traversant l'herbé, où l'on apercevait de distance en distance de petites éminences en terre disposées pour servir de postes de chasse. Montée sur l'un de ces tertres, à environ 800 mètres de la route, elle avait suivi les progrès de la marée qui était venue en entourer la base et elle avait pu constater encore sur ce point qu'il existe aujourd'hui, au large de la ligne de délimitation de 1877, une bande de terrains de largeur variable suivant le point de la côte, soustraite à l'action des marées de 8 mètres, cultivée en prairie, et dont les herbes servent à la pâture des bestiaux ou sont récoltées pour leur nourriture.

Au point où se trouvait la commission, la carte n° 2,088 marque une cote de 7^{m},80. La faible couche d'eau qui recouvrait le sol fait penser que cette cote a pu s'élever à environ 8 mètres depuis l'époque des travaux de la carte. Ce serait un exhaussement de 20 centimètres depuis six ans, ce qui, à ne considérer que le fait général de l'exhaussement, concorde avec les autres observations du même genre faites sur les terrains de la rive droite.

Après avoir fait prendre quelques échantillons, la commission s'est transportée au pied du cap de Tancarville, où d'autres échantillons ont été recueillis sur les terrains d'alluvion dits *Nais de Tancarville,* laissés aux riverains par la délimitation de 1869.

L'aspect général de ces atterrissements voisins de la pointe de Tancarville, favorisés sinon produits par l'endiguement prolongé de la Seine, a paru à la commission en tout semblable à celui du terrain situé à l'Ouest de la pointe du Hode, bien que la formation des premiers atterrissements soit de date beaucoup plus récente.

La commission a passé la journée du 11 août sur la rive gauche de la Seine. Aussitôt débarquée à Honfleur, un peu avant l'heure de la pleine mer, elle s'est rendue à la limite du remblai, à l'Est du bassin de chasse en construction, pour observer la limite des eaux au moment de la mer haute.

Le vent soufflait fort de l'Ouest. La marée atteignait effectivement la hauteur maximum de 8^m,10 au lieu de 8 mètres, chiffre indiqué par l'*Annuaire*. Elle submergeait tous les terrains d'alluvion situés au large de la ligne de délimitation latérale du décret de 1877.

La commission s'est ensuite transportée à l'Ouest du phare de l'Hôpital pour y constater la nature de la plage. Celle-ci est formée de sable et bordée d'une ceinture de gros galets. On en trouve d'ailleurs aussi à l'Est de ce phare et un banc de ces galets s'est formé depuis peu près de l'extrémité de la grande jetée du port.

Dans l'après-midi, la commission a visité les terrains litigieux de la rive gauche en commençant par ceux de la pointe de Berville où elle est arrivée vers trois heures de l'après-midi, c'est-à-dire deux heures environ avant le moment de la basse mer.

L'aspect de ces terrains était à peu près celui de l'herbé de la rive droite. Toutefois, on ne constatait pas l'existence d'une bande de terrains secs, et les marécages commençaient à peu de distance de la limite atteinte par la mer haute; ce qu'il faut attribuer à une moindre élévation de ces terrains de la rive gauche, indiquée aussi par les cotes des cartes hydrographiques.

Quelques bestiaux étaient renvoyés à la pâture. Des foins épars sur le sol témoignaient que l'herbe venait d'être récoltée, et les propriétaires riverains appelaient l'attention de la commission sur l'existence dans les prairies de trèfles qu'ils y avaient semés.

La commission a voulu ensuite visiter les terrains situés sur la commune de Fiquefleur, en amont du pont de la Maurelle, terrains qui ont été l'objet d'arrêts célèbres dans la cause, *les arrêts Manneville.* Elle a reconnu, sur ce point, un terrain plus élevé que ceux qui l'environnent. La marée précédente ne l'avait pas atteint.

Des échantillons de terre et d'eau ont été recueillis ce jour-là comme les précédents, sur tous les points où la commission s'est arrêtée et ont été plus tard soumis à l'analyse.

La commission, après avoir quitté Fiquefleur, est rentrée à Honfleur, où elle a clos ses opérations, et s'est séparée, laissant un programme d'expériences au capitaine de la *Lionne*, que le mauvais temps avait empêché de rallier, et des instructions à MM. Lennier et Leudet, chargés : le premier, de l'analyse des échantillons de terrains recueillis pendant la visite des lieux ; le second, de l'analyse des échantillons d'eau recueillis par la commission et à recueillir par la *Lionne* et par divers observateurs, à la pointe du Hoc, à Honfleur et à Berville.

II.

DÉLIMITATION TRANSVERSALE DE LA MER ET DU FLEUVE.

Pendant son séjour au Havre et à Honfleur, et les visites de lieux qu'elle y a faites, la commission a cherché à s'éclairer de toutes les lumières qu'ont pu lui fournir les parties et les fonctionnaires dont elle était accompagnée, ainsi que l'examen et la comparaison de nombreux documents scientifiques, tels que les cartes nos 898, 949, 2,088 et 3,633 de l'hydrographie française, et les savantes études géologiques de M. Lennier, conservateur du Muséum du Havre. La carte du chenal actuel et le profil en long de la basse Seine, dressés par le service des ponts et chaussées, la description géologique de la Seine-Inférieure par M. A. Passy et surtout les recherches hydrographiques de M. l'ingénieur Estignard, sur l'embouchure de la Seine, sont venus ajouter ensuite d'importants renseignements au dossier. L'ensemble de ces documents et de ces recherches, rapproché des faits observés, a permis à la commission de constater, avec un degré suffisant de certitude, les différents phénomènes qui peuvent caractériser le régime de la baie.

Le rapport examinera d'abord ces phénomènes et ce régime, au point de vue de la délimitation transversale du fleuve et de la mer, qui a été fixée par le décret du 24 février 1869. Après avoir exposé les considérations géographiques propres à éclairer le Conseil sur la valeur de ce décret, il recherchera la nature et les effets des eaux dans l'estuaire et rendra compte des analyses auxquelles ont été soumis ces eaux et les terrains d'alluvion, objets du présent litige.

§ 1er. — *Considérations géographiques.*

La vallée entière de la Seine, quelle qu'en ait été l'origine, a formé autrefois, comme la plupart des vallées de la Normandie, le lit d'un grand cours d'eau dont les rives étaient les collines crétacées limitant encore aujourd'hui la vallée même et les nombreux circuits du grand cours d'eau qui l'arrose. Ces collines, abruptes comme des falaises quand elles repoussent vers l'autre rive le fleuve qui est venu ronger leur pied, bordent aussi son embouchure et vont se relier aux collines et aux falaises qui forment le rivage de la Manche de chaque côté de l'estuaire.

L'existence ancienne de grands cours d'eau remplissant les vallées de la Normandie est un fait admis par tous les auteurs qui, comme M. Antoine Passy, se sont occupés de la géologie de cette partie de la France, et démontré par la nature même du sol de ces vallées, sol d'alluvion fluviale au-dessous duquel des couches de sables, de graviers et quelquefois des dépôts de tourbes indiquent encore l'ancien lit. C'est au grand cours d'eau préhistorique de la vallée de la Seine qu'il faut attribuer les couches fluviales des alluvions sur lesquelles la ville du Havre a été bâtie et celles plus récentes de la plaine de l'Eure.

C'est ce vaste et puissant fleuve qui, roulant ses eaux dans l'estuaire, a pu seul en repousser la mer et déposer sous les falaises de la Hève et d'Ingouville les débris de végétaux dont sont formés les bancs de tourbe de ces alluvions. Les débris de pierres taillées qu'on y trouve à différentes profondeurs montrent d'ailleurs que l'homme, à l'époque paléolithique, a été contemporain de leur formation. S'il avait fallu à cette époque délimiter la mer conformément à nos lois relativement récentes, nul doute que cette délimitation n'eût dû comprendre tout l'estuaire dans le domaine d'un fleuve qui manifestait par de tels apports la prépondérance de ses eaux. Mais de grands changements sont survenus avec le temps. Le volume des eaux du fleuve s'est beaucoup amoindri. Leur niveau a singulièrement baissé. En se retirant, elles ont laissé à découvert des atterrissements aujourd'hui cultivés et habités, au milieu desquels serpente le fleuve qui a cessé de remplir son ancien lit.

Près de l'embouchure, les choses se seraient passées de la même façon qu'en amont si la mer avait gardé toujours le niveau des plus basses marées. Les cartes de toutes les époques que nous possédons montrent, en effet, qu'à mer basse, dans les digues ou hors des digues, la largeur du chenal, ou, si l'on veut, du lit de la Seine, n'est qu'une petite fraction de la largeur totale de l'estuaire, entre les lignes de hauteurs qui le bordent.

Ainsi, par le travers du cap de la Roque, la largeur de la Seine endiguée est de 500 mètres, tandis que la distance de ce cap à Cressenval sur la rive opposée est de 6,000 mètres. Sur la ligne d'Oudalle à Fiquefleur, où la largeur de l'estuaire est de 9,000 mètres, le chenal à mer basse n'avait guère encore que 500 mètres de largeur en 1875, d'après la carte n° 2,088. A peine sorti des digues, le fleuve, devenu le chenal, décrit des sinuosités comme dans le haut de son cours, mais ces sinuosités sont changeantes, quelquefois assez rapidement pour que les cartes qui les reproduisent cessent d'être exactes avant leur publication. Des atterrissements se forment et se développent aussi au pied des falaises et des collines des deux rives ; des bancs surgissent au milieu de l'estuaire. Ils modifient la direction du chenal et font obstacle à ses excursions jusqu'à ce qu'ils disparaissent, quelquefois aussi soudainement qu'ils ont été formés. Les atterrissements des deux rives sont eux-mêmes parfois entamés et détruits.

Mais il n'est plus permis d'attribuer la formation de ces atterrissements et de ces bancs uniquement aux apports du fleuve, en présence d'une onde de marée dont la hauteur, au Havre et en calme, dépasse souvent 8 mètres au-dessus du zéro des cartes, c'est-à-dire des plus basses mers, augmente un peu en remontant jusqu'à Quillebœuf, et peut, avec les grands vents du large, s'élever encore de 5 à 6 décimètres et quelquefois plus.

La différence de niveau, à basse mer, entre le port de Rouen et celui du Havre étant seulement de $4^{m},50$ pour une distance de 128 kilomètres, on comprend que l'onde de marée qui a rarement moins de 6 mètres de hauteur pénètre périodiquement dans l'estuaire et remonte même souvent fort haut dans le lit du fleuve. Elle donne alors naissance à des courants de flot parfois très-violents qui se font sentir au delà de Rouen, et elle ajoute, pendant le jusant, au courant naturel du fleuve la vitesse que lui imprime la pression des eaux accumulées par le flot dans le haut de son lit. Ce n'est pas au courant naturel dû à la faible pente du fleuve indiquée ci-dessus, mais au courant bien plus rapide du flux et du reflux qu'il faut attribuer la corrosion et parfois la destruction des bancs et des atterrissements de l'estuaire. Les changements dans la configuration des bancs qui suivent parfois les très-grandes marées, surtout lorsqu'elles concordent avec l'existence de grands vents du large, prouvent surabondamment que ce sont surtout ces courants de marée qui entament et détruisent les atterrissements et les bancs, pour aller former ailleurs d'autres atterrissements avec leurs débris.

Les crues du fleuve se font peu sentir dans l'estuaire; à peine les plus fortes y produisent-elles une élévation du niveau des eaux de 50 à 60 centimètres. D'ailleurs leur influence, qui se manifeste surtout par un accroissement de la vitesse du jusant, est purement accidentelle; tandis que celle des marées est journalière.

A ces divers points de vue, on est donc autorisé à conclure qu'aujourd'hui la mer a pris possession de l'ancienne embouchure du fleuve dont celui-ci, diminué de volume, ne remplit plus qu'une faible partie. Mais quelle limite faut-il lui assigner? Le décret de 1869 l'a fixée par une ligne allant de la pointe du Hode à la naissance de l'enrochement de la rive gauche de la Rille, au-dessous de l'abbaye de Grestain.

C'est contre cette décision, en même temps que contre le décret de délimitation de 1877 qui en a été la conséquence, que le pourvoi est formé. Il propose de substituer à cette ligne celle du Hoc à l'extrémité Est du nouveau bassin de Honfleur. De ces deux solutions, quelle est la plus conforme à la configuration des rives de l'estuaire? C'est la question que le rapport va maintenant examiner.

Il suffit d'un coup d'œil jeté sur une carte de l'embouchure de la Seine pour reconnaître que, si avant le prolongement des digues le choix de la ligne de délimitation transversale pouvait présenter quelques difficultés, les hésitations ne devaient naître qu'en aval, et à partir de Quillebœuf, où la distance des deux rives, d'environ 1,400 mètres, commence à croître rapidement. Mais c'est surtout en débouchant de Tancarville que l'observateur qui descend le fleuve est frappé de l'écartement subit de ces rives. La vaste ouverture de l'estuaire éveille aussitôt chez lui la pensée de la mer et des dangers de la navigation. Pour la batellerie fluviale au moins, ce danger a paru assez sérieux pour faire concevoir le projet d'un canal latéral de Tancarville au Havre, qui traversera les terrains litigieux de la rive droite et permettra aux bateaux construits pour la navigation du fleuve d'éviter la traversée de l'estuaire qui leur offrirait les mêmes périls que la pleine mer.

L'aspect des lieux, mieux encore que la carte, fait comprendre le choix qui a été fait, pour la délimitation transversale de la mer et du fleuve, en 1854, de la ligne de Tancarville à Quillebœuf, par une commission spéciale ; en 1858, de la ligne de Tancarville au cap la Roque, par l'un des trois inspecteurs généraux des ponts et chaussées chargés de cette délimitation, et enfin, en 1866, par les ministres des finances, de la marine, et par le conseil général des ponts et chaussées.

Pendant que la question de la délimitation transversale s'agitait ainsi sans recevoir de solution, l'intérêt de la navigation du port de Rouen engageait à poursuivre au-dessous de Quillebœuf la construction des digues destinées à approfondir le lit de la Seine en le resserrant. On poussait ces digues d'abord jusqu'à Tancarville, puis au cap la Roque, et enfin à l'embouchure de la Rille, devant Berville.

Les atterrissements, dont les progrès dans cette partie du fleuve avaient été ralentis, parfois même arrêtés, par l'action corrosive des courants de marée, se formèrent alors sans obstacle entre les digues et les anciennes rives. Ils s'exhaussèrent rapidement, se couvrirent d'herbes et devinrent bientôt susceptibles de culture et de produits. A la place des bancs changeants qui obstruaient l'estuaire, il ne resta plus que le lit fixé et resserré du fleuve, bordé d'alluvions à divers degrés de formation.

Il était difficile qu'en l'absence de toute délimitation antérieure l'Administration ne tînt pas compte de ces circonstances, lorsqu'en 1869 elle voulut trancher définitivement la question toujours pendante de cette délimitation. La ligne du Hode à Grestain, qu'elle choisit alors, lui parut indiquée bien plus par les faits qui viennent d'être relatés que par la saillie de ces deux points ; car le cap du Hode, comme la plupart des pointes, ne montre nettement sa saillie que de profil, et l'abbaye de Grestain n'est pas un point apparent de la côte. Mais, si l'on se place à l'ouverture des digues, on remarque que la largeur de cette ouverture est de 500 mètres seulement, tandis que celle de l'estuaire dans lequel le fleuve débouche dépasse 5,000 mètres. Tel est le caractère distinctif et sans doute le véritable motif de la délimitation transversale de 1869. On doit reconnaître qu'aucune des lignes proposées en aval ne présente un trait aussi saillant.

En traçant la ligne de délimitation à environ 2 kilomètres à l'Ouest de l'ouverture des digues, on a laissé à l'embouchure de la Rille son caractère fluvial. On a d'ailleurs abandonné aux propriétaires riverains, moyennant le payement de la moitié de la plus-value, les grandes alluvions situées de chaque côté du lit du fleuve, sur la rive droite entre Tancarville et le Hode où passait naguère le chenal, sur la rive gauche, entre Quillebœuf et le cap la Roque, où s'étendent les marais Vernier, et entre ce dernier cap et l'embouchure de la Rille.

Aucun intérêt privé n'a eu à souffrir de ce nouvel état de choses dû aux utiles travaux entrepris par l'État pour améliorer la navigation de la Seine. Le décret de 1869 l'a consacré. Mais peut-on en faire un argument pour transporter la ligne de délimitation encore plus en aval et fort loin de l'ouverture des digues, par exemple entre la pointe du Hoc et l'extrémité Est du nouveau bassin de Honfleur, comme le demandent les requérants ?

Le principal caractère de la ligne qu'ils proposent est de laisser au fleuve, et par conséquent aux propriétaires riverains, tous les terrains litigieux de l'une et l'autre rive. Mais remplit-elle d'ailleurs, au point de vue de la configuration géographique où nous sommes ici placés, les conditions voulues pour une ligne de délimitation ?

La pointe du Hoc, très-basse, a cessé de faire saillie sur la côte, de profil aussi bien que de face, dès le moment où les alluvions de la rive gauche se sont élevées au-dessus des marées ordinaires. Formée par des alluvions plus récentes que celles de la plaine de l'Eure et dans lesquelles ne se rencontre plus la tourbe, recouverte par une ceinture de gros galets venus du large, cette pointe s'avance vers l'Est à mesure que les courants de flot et la mer soulevée par les vents du large apportent de nouveaux galets à son extrémité. M. A. Passy nous apprend qu'en 400 ans elle a marché de 1,500 toises vers l'amont, soit d'environ 4 toises par année. La comparaison des cartes n°s 898 et 2,088, dans la première partie de ce rapport, nous a conduits à constater dans le même sens une marche d'environ 10 mètres par an. Conviendrait-il de prendre un point aussi mobile pour point de départ d'une ligne de délimitation ?

L'autre point, sur la rive gauche à l'Est de Honfleur, est en retraite sur la côte plutôt qu'en saillie. Si l'on n'avait tenu compte que de la configuration géographique, ce serait à l'Ouest de ce port qu'il aurait fallu porter le point d'aboutissement de la ligne de délimitation. On aurait réduit alors à environ 6,200 mètres la longueur de cette ligne, qui est de 7,800 mètres, lorsqu'on la trace du Hoc à l'Est de Honfleur, mais on aurait en même temps fait comprendre dans la partie fluviale de l'estuaire le port de Honfleur où, comme on le verra plus loin, la salure des eaux de la mer n'est que fort peu diminuée par le mélange des eaux douces de la rivière. La ligne du Hoc à l'extrémité Est du bassin de Honfleur ne remplit donc pas, au point de vue de la configuration géographique, les conditions voulues pour délimiter les parties fluviale et maritime de l'estuaire. En amont de cette ligne, la distance des rives augmente. Elle atteint 9,600 mètres entre les falaises d'Oudalle et le pied des collines de Saint-Sauveur ; mais elle se réduit à 5,740 mètres seulement entre la pointe du Hode et Grestain, sur la ligne de délimitation de 1869, qui semble, à ce point de vue, plus en harmonie avec la configuration géographique de la baie que la ligne proposée par les requérants.

§ 2. — *Considérations hydrographiques.*

La configuration des rives ne doit pas être le seul guide à suivre pour la délimitation de la mer. Nous avons vu, en effet, la mer et le fleuve dominer l'un après l'autre à l'embouchure de la Seine et y superposer alternativement leurs alluvions sans que cette configuration ait changé. La nature des eaux et des terrains d'alluvion est un autre élément d'appréciation, plus sûr et facile à obtenir par l'analyse d'échantillons prélevés sur différents points de l'estuaire et des atterrissements.

La connaissance du jeu des marées, aidée par l'étude de bonnes cartes, peut aussi donner une idée suffisamment exacte des quantités proportionnelles d'eau de mer et d'eau du fleuve qui se mélangent dans l'estuaire et de la mesure dans laquelle ces eaux peuvent contribuer aux alluvions qui s'y forment. Il ne sera pas difficile de le montrer pour l'embouchure de la Seine, bien que l'extrême mobilité de ses bancs et du chenal n'ait jamais permis d'obtenir une carte représentant l'état réel des choses au moment où elle était publiée. Cette mobilité étant d'ailleurs un effet des vents du large et des marées de la Manche, et par suite une conséquence de la prépondérance de la mer, il convient de s'y arrêter un instant et de résumer ce que les travaux successifs de nos ingénieurs hydrographes nous ont appris sur les variations de ces bancs et du chenal à l'embouchure de la Seine.

La plus ancienne carte de l'embouchure de la Seine que l'on possède date de 1689. Corrigée en 1752, elle montrait le chenal côtoyant la rive droite, du cap Hode à la pointe du Hoc, en laissant près de terre un atterrissement d'environ 1 mille de largeur qui semble l'origine de ceux dont sont formés les terrains litigieux de cette rive. Elle indiquait un bon mouillage pour les grands navires près de la pointe du Hoc et l'existence dans l'estuaire de bancs nombreux qu'elle désignait sous le nom caractéristique de *bancs changeants.* D'après la carte n° 949, dressée en 1841 avec des travaux de l'année 1835, le chenal, après avoir dépassé la pointe de Quillebœuf, décrivait alors un arc de cercle dont la concavité était tournée vers le Nord et venait contourner de très-près la côte entre Tancarville et le cap du Hode. De là, il revenait encore vers la rive gauche jusqu'à une certaine distance à l'Ouest de Berville, puis il retournait vers la rive droite dans la direction du Nord-Ouest pour passer près de la pointe du Hoc et déboucher dans la mer au Nord du banc d'Amfard. La largeur des atterrissements entre le Hode et le Hoc atteignait alors environ 2 milles sur quelques points. Les digues ne dépassaient pas Quillebœuf. En 1862, elles furent poussées dans la direction du Sud-Ouest jusqu'à 870 mètres au large du cap la Roque, et, le fleuve ayant abandonné son ancien lit entre Tancarville et le cap du Hode, cette partie de la baie commença à se remplir d'alluvions.

Une carte de M. de la Roche-Poncié, ingénieur hydrographe, dressée en 1863, indiquait à la sortie des digues une bifurcation du chenal. La branche de droite remontait au Nord-Ouest, passait à environ 800 mètres du cap du Hode, prolongeait à 1 ou 2 milles de distance la rive Nord, et, tournant sur la gauche avant d'atteindre la pointe du Hoc, débouchait vers le large au Sud du banc d'Amfard, où la branche de gauche se rendait plus directement en courant à l'Ouest. Sur la rive Sud, entre Grestain et Honfleur, on remarquait des fosses dans cette partie de l'estuaire qu'occupent aujourd'hui les terrains litigieux. Une carte dressée en 1869 par les ingénieurs hydrographes montrait les digues poussées jusqu'à l'embouchure de la Rille, où elles s'arrêtent aujourd'hui. Elles sont insubmersibles sur la rive droite jusqu'à 1 kilomètre au-dessous de Tancarville, sur la rive gauche jusqu'au cap la Roque. A partir des digues, le chenal se dirigeait vers la pointe du Hoc ; un autre chenal commençait à se dessiner devant Honfleur.

La carte n° 2,088, dressée en 1880, d'après les travaux exécutés en 1875 par MM. les ingénieurs hydrographes Estignard et Ploix, donne au chenal de la basse Seine un parcours fort différent des précédents. Elle le fait passer devant Honfleur en décrivant au sortir des digues un arc de cercle concave vers la gauche et laissant intactes les alluvions de la rive droite. Celles de la rive gauche entre Honfleur et Berville ont pris toute leur extension, mais cette carte n'était pas publiée que déjà le chenal changeait de place et de direction. Il court aujourd'hui à l'Ouest-Nord-Ouest et va passer à près de 1 mille de la pointe du Hoc ; puis il s'infléchit graduellement sur la gauche, et va déboucher au large entre le banc d'Amfard et celui du Rathier. Le chenal au Nord d'Amfard est aujourd'hui comblé, ainsi que l'ancien mouillage de la pointe du Hoc et la fosse de 3 à 4 mètres qui existait devant Honfleur.

Ces changements du chenal dus au déplacement des bancs ne paraissent pas arrivés à leur terme. Afin d'en atténuer les dangers pour la navigation, les pilotes de la basse Seine les constatent fréquemment et rectifient en conséquence la position des balises qui servent à indiquer les passes. Tous les quinze jours le service des ponts et chaussées dresse et distribue aux pilotes une petite carte où le chenal actuel est tracé. La comparaison de ces cartes montre que la qualification de *bancs changeants* donnée aux bancs de l'estuaire par la carte de 1792 est encore aujourd'hui méritée.

Mais l'étude comparative des cartes de différentes époques qui viennent d'être mentionnées et le cubage au moyen de leurs cotes des volumes de terre et d'eau renfermés dans l'estuaire permettent de saisir, parmi les variations de forme et de grandeur des bancs, un fait permanent d'une grande importance. C'est l'envahissement continu de l'estuaire par les apports des eaux. Tous les ingénieurs qui ont étudié sérieusement la question sont d'accord pour l'attribuer à la destruction par la mer des falaises des côtes de la Manche et au transport par les marées de flot des sédiments qui en proviennent et que ces marées déposent sur tous les fonds de l'estuaire couverts par leurs eaux.

M. l'ingénieur Marchal, auteur d'un mémoire inséré en 1854 dans les *Annales des ponts et chaussées*, après avoir évalué à 360,000 mètres cubes la quantité de matières solides charriées annuellement par la Seine, pour un débit de 16 millions de tonnes d'eau, estimait à 1,440,000 mètres cubes, d'après MM. Lamblardie, Bouniceau et Aribaud, la quantité de ces matières apportées annuellement aussi par le flot, des rivages de la Manche dans l'estuaire.

M. Estignard démontre, dans ses recherches hydrographiques de 1878, à l'aide de preuves décisives, que ce chiffre est très-inférieur à la vérité.

Il résulte des cubages calculés que sur la surface de 100,282,849 mètres carrés, comprise entre le méridien du feu Nord des digues en 1875 et la ligne du Hoc à la pointe la plus rapprochée de Honfleur, surface un peu plus grande que celle de la partie litigieuse de l'estuaire, le volume des fonds était de 286,247,093 mètres cubes en 1863 et de 442,800,975 mètres cubes en 1875. La différence (156,553,882) de ces deux nombres correspond à un apport annuel de 13,046,157 mètres cubes, bien supérieur en effet au chiffre de M. Marchal. En admettant que les 360,000 mètres cubes charriés annuellement par la Seine soient tout entiers déposés sur la surface dont il s'agit, on voit qu'ils ne formeraient encore que la 36e partie de l'ensemble des atterrissements dont le reste, c'est-à-dire les $^{35}/_{36}$, serait fourni par la mer.

Le volume des eaux de l'estuaire dans les grandes marées a dû décroître à peu près de la même quantité dont le volume des eaux s'est augmenté.

C'est en effet ce que constate M. Estignard, qui trouve, pour le volume d'eau de la baie, limitée, comme on l'a dit, par une marée de vive eau de 8 mètres, 481,127,113 mètres cubes en 1863 et seulement 343,198,497 mètres cubes en 1875. D'où il résulte une diminution du volume d'eau de 137,928,616 mètres cubes pendant cet intervalle de douze années. En morte eau, par une marée de 6 mètres, les mêmes volumes sont respectivement de 222,079,229 mètres cubes en 1863, et 161,032,482 en 1875. La différence de ces deux nombres est de 61,046,746. Elle s'éloigne davantage de la différence du volume des fonds, parce que durant les mortes eaux les sommets des atterrissements ne sont pas tous recouverts par les eaux.

Si cet ensablement progressif de l'embouchure de la Seine marchait toujours avec la même rapidité, l'estuaire serait bientôt réduit à un chenal étroit, qu'il faudrait endiguer pour le fixer et qui pourrait alors être considéré comme le prolongement du fleuve.

Le mode de calcul du volume des eaux de l'estuaire employé par M. Estignard pour les hauteurs de marée de 8 et de 6 mètres peut être étendu à des hauteurs plus faibles, par exemple à celle qu'on observerait au moment de l'étale [1] du jusant, lorsque tout mouvement descendant des eaux a cessé. Ce moment est bien près de coïncider avec

---

[1] En général, la marée est dite *étale* lorsque le mouvement horizontal des eaux, qui ne coïncide pas toujours avec le mouvement vertical de leur niveau, a cessé. L'étale de jusant ou de flot succède au jusant ou au flot respectivement.

celui de la basse mer, car tous les renseignements s'accordent à faire considérer comme fort court le temps pendant lequel a lieu le renversement de la marée, du jusant au flot, et attribuent en partie à la rapidité de ce changement le phénomène du mascaret dans le bas du fleuve. Supposons cependant, pour fixer les idées, que le niveau de l'eau atteigne la hauteur de 1 mètre au-dessus du zéro des cartes, lorsque cesse tout mouvement de descente des eaux, et qu'au moyen des cotes de la carte dressée par M. Estignard en 1875 on calcule le volume des eaux de l'estuaire pour cette hauteur de 1 mètre. Il est clair que ce volume que l'on trouverait de 26 millions de mètres cubes, en nombre rond, représente le maximum de l'eau douce que pourrait renfermer l'estuaire pendant la marée de flot suivante ; car, en réalité, à basse mer l'eau du chenal est encore mélangée de l'eau saumâtre introduite par le flot de la marée précédente, et, à partir du moment où le courant du jusant a cessé, le fleuve cesse de verser de l'eau douce dans l'estuaire, tandis que celui-ci commence à recevoir les eaux salées de la mer qui y pénètrent avec une hauteur croissante par la large ouverture de la baie et pendant toute la durée du flot.

Par suite, quelque hauteur de marée que l'on suppose, le rapport du volume d'eau douce au volume total du mélange est nécessairement inférieur au rapport du volume d'eau de l'estuaire, pour 1 mètre de hauteur, à ce même volume correspondant à la hauteur que l'on considère.

D'après les chiffres donnés plus haut, les valeurs de ce dernier rapport seraient $^1/_{13}$ pour une marée de 8 mètres et $^1/_6$ pour une marée de 6 mètres. Une remarque fort simple conduit à des résultats qui peuvent contrôler ceux-ci.

Si les surfaces couvertes par les eaux étaient horizontales et restaient les mêmes pendant la marée, les volumes dont il s'agit seraient proportionnels aux hauteurs des marées et les fractions ci-dessus deviendraient $^1/_8$ et $^1/_6$; la première, $^1/_8$, ne peut indiquer qu'une limite très-supérieure du rapport cherché, parce que la surface couverte par les eaux diminue à mesure que décroît aussi la hauteur de la marée.

L'accord est donc satisfaisant entre les chiffres du premier rapport et complet pour le second.

Pendant le jusant, les eaux saumâtres s'écoulent par la large ouverture de l'estuaire. Elles sont remplacées, mais en partie seulement, par celles plus douces que le flot avait refoulées dans le fleuve et, au bout d'un certain temps, par les eaux douces du fleuve lui-même qui sortent des digues et reprennent leur cours naturel. Le rapport du volume des eaux douces au volume total augmente donc pendant la période du jusant qu'accompagne une diminution progressive de ce volume total. Il peut acquérir une valeur assez élevée à la fin de cette marée ; mais alors il ne concerne qu'un volume restreint, le huitième ou le sixième au plus du volume pour lequel à mer haute on constate, au contraire, une très-forte proportion d'eau salée.

Sans donc s'attacher à la valeur absolue des chiffres donnés ci-dessus, bien qu'ils résultent d'hypothèses donnant une trop large part à la présence de l'eau douce, on peut sans témérité conclure, uniquement d'après les indications des cartes et l'examen attentif du jeu des marées, que c'est l'eau de mer qui joue le rôle prépondérant dans l'estuaire par son volume. Réduite à ces termes, cette conclusion subsisterait encore, bien qu'affaiblie, si l'on prenait (hypothèse invraisemblable) 2 mètres au lieu de 1 mètre pour la hauteur du niveau de l'eau à l'étale du jusant.

Il reste à montrer que l'eau de mer manifeste en outre sa prépondérance dans le dépôt des sédiments, et qu'elle se trouve, par suite de circonstances physiques inhérentes au jeu des marées à l'embouchure de la Seine, dans des conditions beaucoup plus favorables que l'eau du fleuve pour produire des atterrissements qui font l'objet du litige. En effet, lorsque pendant le jusant les eaux chargées de sédiments fluviaux coulent avec rapidité, elles corrodent plutôt qu'elles n'exhaussent les fonds situés sur leur parcours et particulièrement le lit et les bords du chenal. Quand le courant de jusant mollit et cesse avant de se changer en un courant de flot, les matières fluviales peuvent se déposer facilement ; mais alors la mer est basse, les bancs sont découverts, et le lit de chenal peut seul recevoir ces sédiments. Ce moment est d'ailleurs fort court. Le courant de flot succède promptement à celui de jusant et apporte à son tour dans la baie des matières solides arrachées au rivage de la mer. Il atteint parfois des vitesses très-rapides dans le chenal qu'il contribue à creuser ; mais sa vitesse s'éteint lorsque ses eaux se répandent sur les bancs et sur les atterrissements attenants aux rives. Les circonstances deviennent alors favorables pour le dépôt, sur la surface de ces bancs et de ces atterrissements, de sédiments maritimes que les eaux du flot tiennent en suspension. Elles le sont encore davantage lorsqu'arrive l'étale du flot qui dure quelquefois plus d'une heure avant que le courant de jusant commence à se faire sentir. On peut donc affirmer avec certitude, en se basant uniquement sur l'étude du jeu des marées et de la configuration de l'estuaire de la Seine, que l'exhaussement des bancs et des atterrissements dans cet estuaire est exclusivement dû aux apports des eaux maritimes. Ces déductions sont d'ailleurs confirmées par l'analyse des eaux de la baie et des terrains d'alluvion dont nous allons maintenant parler.

§ 3. — *Considérations hydrologiques.* — *Observations de la* Lionne *sur la salure des eaux.*

L'observation du degré de salure des eaux est un des moyens qui se présentent naturellement à l'esprit lorsqu'on veut se rendre compte de la proportion dans laquelle l'eau de la mer et celle du fleuve se mélangent dans l'estuaire aux différentes époques de la marée. Des observations de ce genre avaient été faites antérieurement sur les deux rives, et nous en rappellerons plus loin les résultats qui figurent au dossier. La commission elle-même, en visitant les lieux, a fait recueillir sur divers points du littoral des échantillons d'eau qui ont été soumis à l'analyse afin de déterminer les quantités proportionnelles de sel marin qu'ils contenaient. Ces quantités sont données dans la première partie de ce rapport. Mais on ne possédait pas de renseignements suffisamment précis sur le degré de salure des eaux dans le chenal et sur les bancs de l'estuaire[1].

Pour procéder à un ensemble d'observations propres à combler cette lacune, le concours d'un bâtiment de l'État avait été demandé à M. le vice-amiral Cloué, ministre de la marine, qui s'était empressé de mettre à la disposition de la commission la canonnière la *Lionne*, appartenant à la station du littoral de la Manche et commandée par M. le lieutenant de vaisseau Marquer. Malheureusement, les mauvais temps qui ont régné presque sans interruption à l'embouchure de la Seine du 9 au 19 août, avec une violence rare dans cette saison, ont beaucoup restreint le nombre des observations auxquelles ce bâtiment a pu se livrer.

Le programme d'observation, arrêté par la commission et que le capitaine de la *Lionne* devait remplir dans la mesure du possible, con-

[1] Au procès-verbal des conférences concernant la délimitation du rivage de la mer était joint un tableau graphique des salures constatées entre Martot et la mer dont la copie a été versée au dossier. Ce tableau ne donne qu'un très-petit nombre de chiffres entre Berville et Honfleur, et n'indique pas si les observations de salure ont été réellement faites au large ou sous les phares de Honfleur et de Berville.

sistait, dans sa généralité, à recueillir des échantillons d'eau à certaines heures de la marée, et sur certains points de l'estuaire, pendant une période de temps déterminée. Ces échantillons numérotés devaient ensuite être soumis à l'analyse chimique pour la détermination des quantités proportionnelles de chlorure de sodium ou sel marin qu'ils contiendraient. Les heures de marée choisies étaient celles de la haute et de la basse mer, de l'étale de flot et de l'étale de jusant. Quant aux lieux d'observation, la carte la plus récente, celle n° 2,088, publiée en 1880, d'après les travaux de 1875, ne concordant déjà plus avec l'état actuel du chenal et des fonds, la commission ne pouvait les fixer avec précision. Elle s'est contentée d'indiquer au capitaine de la *Lionne* comme *desideratum* le choix de points situés en amont sur la ligne du Hode à Grestain, en aval sur la ligne du Hoc à Honfleur, et entre ces deux lignes à l'intérieur de l'estuaire. Des observations de même nature faites simultanément, au Hoc par l'administration de la marine, à Honfleur et à Berville par celle des ponts et chaussées, devaient compléter l'ensemble du programme.

La *Lionne* devait se trouver à la disposition de la commission du 11 au 20 août, de manière à embrasser par ses observations une période presque complète de grandes et petites marées. Elle était le 7 à Fécamp ; mais les gros vents d'Ouest ne lui permirent d'en sortir que le 11 au matin et la forcèrent à relâcher le lendemain 12 au Havre. D'autre part, les renseignements donnés par les pilotes de la basse Seine ne laissaient guère espérer que, même en temps calme, on pût faire avec sécurité les observations voulues pendant les vives eaux des 12 et 13 août où les courants avaient une grande violence. Avec les vents du large qui soufflaient alors avec force, il fallait nécessairement y renoncer. L'exécution du programme fut alors circonscrite à la période des mortes eaux, du 16 au 20 août. Le temps s'étant un peu amélioré le 16, la *Lionne* a profité de cette embellie pour sortir des bassins du Havre et aller mouiller en un point A[1] situé à l'Ouest du méridien de la Hève et à une distance de l'embouchure de la Seine telle que la salure des eaux ne subit plus l'influence directe du flot et du jusant. Elle y a recueilli des échantillons d'eau n°s 1, 2 et 2 *bis*, destinés à servir de termes de comparaison avec les échantillons à recueillir à l'intérieur de l'estuaire.

[1] Voir la carte, sur laquelle les points de station sont portés et la direction du chenal est tracée.

La *Lionne* est allée ensuite le même jour prendre, en dedans des digues, devant le cap de la Roque, un mouillage d'où le mauvais temps l'a chassée le lendemain 17, en l'obligeant à se réfugier en dedans de la pointe de Quillebœuf, sans avoir pu accomplir aucune partie de son programme. Le 18, le temps était toujours mauvais et la *Lionne*, qui avait néanmoins appareillé, s'est vue bientôt contrainte de regagner le mouillage de Quillebœuf sans avoir été plus heureuse que la veille.

Le 19, les apparences du temps étaient devenues meilleures. La canonnière a expédié ses embarcations avec le jusant pour recueillir à basse mer des échantillons d'eau aux points marqués sur la carte ; puis elle a appareillé au flot pour rallier ses embarcations et aller recueillir des échantillons à mer haute sur tous les points où celles-ci l'avaient fait à mer basse. Elle est rentrée ensuite dans le port du Havre pour en sortir le lendemain 20 août et faire la même manœuvre que la veille. 45 échantillons, ainsi recueillis et numérotés avec soin, ont été adressés à M. Leudet, chimiste expert au Havre, qui les a soumis à l'analyse en les traitant au nitrate d'argent et qui a fait connaître à la commission, par des bordereaux versés au dossier, les quantités de sel marin par litre d'eau trouvées pour chaque échantillon. Le rapport du capitaine de la *Lionne* et la carte de 1877 qui sont annexés au dossier indiquent les circonstances des observations et les lieux où les divers échantillons ont été recueillis. Le rapport renferme aussi les résultats d'observations faites, à bord de la *Lionne* et à titre de contrôle, par M. l'enseigne de vaisseau Terquem, sur des échantillons identiques, au moyen du densimètre Salleron et de l'analyse chimique. Les derniers surtout ne diffèrent pas notablement des résultats fournis par M. Leudet.

Les circonstances et quelques malentendus ont empêché de recueillir des échantillons d'eau au Hoc, à Honfleur et à Berville, les mêmes jours que la *Lionne* dans l'estuaire.

Mais on a pu recueillir au Hoc 12 échantillons, les 2, 3 et 4 septembre, jours de morte eau, comme ceux des opérations de la *Lionne* ; à Berville, 9 échantillons du 13 au 17 août, et, à Honfleur, 16 échantillons du 13 au 16 août, jours intermédiaires entre les grandes et les petites marées. Ces 37 échantillons ont été traités par M. Leudet comme ceux provenant de la *Lionne*. Les analyses de ce chimiste expert ayant ainsi porté sur tous les échantillons recueillis, leurs résultats ont servi de bases aux conclusions de cette partie du rapport que nous ferons précéder de quelques courtes remarques.

Les échantillons ont été pris à la surface de la mer, sauf deux exceptions qui ont eu pour but de mesurer la variation de la salure avec la profondeur. Ainsi, deux observations simultanées ont été faites au point A à haute mer. La première (n° 2), avec de l'eau recueillie à la surface, a donné 28gr,25 de sel marin par litre d'eau, et la seconde (n° 2 *bis*), avec de l'eau recueillie à 4 mètres de profondeur, a donné 28gr,50. En outre, deux observations simultanées ont été faites au point B à haute mer : la première (n° 18) a donné 24gr,20 de sel marin pour 1 litre d'eau recueilli à la surface, et la seconde (n° 19) 24gr,50 pour 1 litre d'eau recueilli à 4 mètres de profondeur.

Le tableau graphique des salures de l'embouchure de la Seine déjà cité n'accuse que de faibles différences de salure entre la surface et le fond, dans l'intérieur de l'estuaire, peut-être parce que les observations ont été faites près de la rive ; mais il indique un accroissement de salure de l'eau, en allant de la surface au fond, de 3 grammes à Quillebœuf, et de 4gr,79 à Aizier, dans l'intérieur du fleuve.

De ce qui précède il faut conclure que les chiffres de salure donnés par les échantillons analysés, tous recueillis à la surface de l'eau, sauf les deux exceptions qui viennent d'être citées, sont inférieurs aux salures moyennes des eaux sur les lieux d'observation.

Une question qui se pose encore est celle de la valeur de la salure de la mer qui doit être prise pour terme de comparaison lorsqu'on cherche à se rendre compte, par le degré de salure des eaux sur un point de l'estuaire, de la proportion dans laquelle les eaux de la mer et du fleuve y sont mélangées, afin d'en déduire la proportion des sédiments qu'ils y apportent. Le service des ponts et chaussées semble avoir adopté pour cette valeur le chiffre de 33gr,50 par litre d'eau, qui représente la salure devant Dieppe, c'est-à-dire sur un point de la côte absolument soustrait à l'influence des eaux douces versées par le fleuve à la mer.

D'autre part, on a vu qu'en se plaçant au large de l'ouverture de l'estuaire sur un point où la salure de l'eau n'était plus influencée par les marées, la *Lionne* a trouvé seulement 28gr,30 et 28gr,25 pour cette salure. De ces différentes quantités, laquelle doit être prise pour terme de comparaison avec les salures observées dans l'estuaire? On peut soutenir, d'une part, que c'est l'eau de mer pure, telle qu'on la trouve dans la Manche, à distance suffisante des embouchures de rivières, telle, par exemple, qu'on l'a recueillie à Dieppe, et remarquer que l'on a constaté au Hoc, à mer haute, pour les échantillons n°s 3 et 4, des salures de 29 grammes et 29^{gr},20, plus fortes que celles observées au point A.

Mais, d'autre part, il peut être répondu que les apports maritimes sont dus aux eaux du large, quelle qu'en soit la salure, et que, par conséquent, pour connaître la proportion des apports maritimes en suspension dans la baie, il faut considérer comme eau de mer dans le mélange celle qui a la salure trouvée à l'entrée. Si, par exemple, la Seine se versait dans la Baltique, où la salure est quatre fois moindre que dans l'Océan et dans certaines parties de la Manche, ce serait la salure de la Baltique et non celle de l'Océan ou de la Manche qui devrait entrer dans les calculs.

En pesant ces différentes considérations, on est amené à penser qu'on ne serait pas éloigné de la vérité, en prenant en nombre rond, 30 grammes de sel marin par litre d'eau pour le degré moyen de salure des eaux qui apportent des sédiments maritimes dans l'estuaire, et pour la salure à laquelle il faut comparer celles observées pour en conclure la proportion d'eau de mer que renferme l'estuaire au point où l'échantillon a été recueilli.

Une remarque à faire encore, c'est que, d'après les observations recueillies à bord de la *Lionne*, le maximum de salure, à chaque marée, a lieu, comme on pouvait s'y attendre d'ailleurs, non à mer haute précisément, mais au moment de l'étale du flot, quand, le niveau de l'eau ayant baissé, le courant de jusant va commencer. On n'emploiera en conséquence que les observations faites à l'étale du flot, lorsqu'il y aura lieu de constater ce maximum.

Les salures à mer basse et à l'étale de jusant n'offrent pas de différences marquées dans un sens particulier. On a donc réuni les observations qui les concernent pour prendre la moyenne de leurs résultats.

En jetant les yeux sur la carte de 1877 où sont portés, d'après leurs relèvements, les lieux des observations faites par la *Lionne* ou par ses embarcations, on voit que les points B, B^1 et B^2 se trouvent à peu près sur la ligne du Hoc à Honfleur : le premier point dans le chenal, et les deux autres entre le chenal et Honfleur ; que les points C et C sont situés sur le chenal en remontant, le point C' au Sud de C, et qu'enfin les points D, D', E, E' sont un peu en dedans de la ligne du Hode à

Grestain, et assez rapprochés, en raison du resserrement en cette endroit de la partie de l'estuaire où l'eau a quelque profondeur, pour qu'on puisse se contenter de prendre la moyenne des résultats des observations qui y ont été faites.

En tenant compte des considérations qui précèdent, on peut former le tableau suivant, qui donne les salures maxima et minima sur les points ou groupes de points indiqués ci-dessus, et que l'on a inscrites à côté de ces points sur la carte :

LIEUX des observations.	MER HAUTE.		MER BASSE.	
	Numéros des échantillons.	Nombre moyen de grammes de sel marin par litre d'eau.	Numéros des échantillons.	Nombre moyen de grammes de sel marin par litre d'eau.
	Numéros.	gr.	Numéros.	gr.
B.	18.	24,20	3, 5, 32, 35	8,39
B^1	21.	24,50	4, 34	10,35
B^2	22.	25,00	. . . .	»
G	15.	23,00	33, 36.	6,80
C.	25.	20,00	6, 8, 29.	5,43
C^1	. . . .	»	7, 30	8,10
D, D^1, E, E^1 .	26, 27, 28 . .	10,90	11, 12, 13, 14, 37, 38, 39, 40.	1,21

Pour compléter ces résultats et réunir un ensemble des salures de l'estuaire, non-seulement dans le chenal et son voisinage, mais encore sur les deux rives, il faut recourir aux observations faites par la marine à la pointe du Hoc et par le service des ponts et chaussées à Honfleur et à Berville. En voici le tableau :

TABLEAU.

LIEUX des observations.	DATES.		MER HAUTE.		MER BASSE.	
			Salure observée.	Moyenne.	Salure observée.	Moyenne.
			gr.	gr.	gr.	gr.
Honfleur	13 août	matin	25,10	24,80	20,50	21,00
		soir	24,50		21,50	
	14 août	matin	26,00	25,05	20,00	20,75
		soir	24,10		21,50	
	15 août	matin	25,60	22,60	18,00	20,00
		soir	19,60		22,00	
	16 août	matin	22,80	23,15	17,60	17,55
		soir	22,50		17,50	
Berville	13 août		22,25	»	7,30	»
	14 août		20,60	»	1,04	»
	15 août		17,50	»	0,31	»
	16 août		7,00	»	0,32	»
	17 août		»	»	0,22	»
Phare du Hoc	2 septembre[1]		29,00	»	21,50	21,85
			29,20		22,20	
	3 septembre		27,20	»	20,00	17,55
			28,00		15,10	
	4 septembre		25,00	»	13,50	11,75
			25,50		10,00	

[1] Des deux chiffres obtenus à la même date, le premier correspond à la fin du mouvement vertical de la marée, le second à la fin du mouvement horizontal. A mer haute, le second est toujours plus élevé; il indique le maximum de salure. A mer basse, les différences ne sont pas accusées dans un même sens. On a pris la moyenne.

Il n'est pas inutile de rapprocher de ces chiffres ceux obtenus avant la délimitation par l'administration de la marine sur plusieurs points de la rive droite de l'estuaire, et ceux qui figurent sur divers documents émanés de l'administration des ponts et chaussées. La plupart de ces chiffres sont déjà cités au dossier.

Un rapport du 2 juillet 1866 du commissaire de l'inscription maritime au Havre donne les résultats d'observations suivants, à basse mer :

Pointe du Hoc,	par litre d'eau	21gr,70	de sel marin.
Oudalle,	—	16 ,50	—
Cap du Hode,	—	14 ,60	—
Tancarville,	—	0 ,50	—

Le rapport ne dit pas à quelle époque de la lunaison ces résultats ont été obtenus. On remarquera seulement que le chiffre de la salure à la pointe du Hoc est presque identique à celui qui a été obtenu sur le même point, et aussi à basse mer, le 2 septembre 1881, et qu'il existe entre les chiffres de salure à Tancarville et au cap du Hode une différence marquée et caractéristique.

Une lettre de l'ingénieur en chef du département de l'Eure, du 4 octobre 1879, mentionne les résultats observés qui suivent :

	MER HAUTE		BASSE MER de morte eau.
	de vive eau.	de morte eau.	
	gr.	gr.	gr.
Honfleur.	29,81	11,05	6,70
Berville	29,81	10,33	0,67

Enfin, le tableau graphique déjà cité des salures constatées entre Martot et la mer contient les indications suivantes :

Le 8 octobre 1877, par une pleine mer de vive eau, devant l'embouchure de la Rille, la salure a été trouvée sur le fond de $29^{gr},60$[1], et à la surface de $29^{gr},02$, c'est-à-dire plus forte qu'au point A, à l'ouvert de la baie, et un peu plus faible que devant Dieppe.

Le 20 mars 1855, par une basse mer de vive eau, la salure a été trouvée de $25^{gr},45$ devant le Havre, de $11^{gr},26$ devant Honfleur et de $10^{gr},17$ devant Berville ; enfin, le 27 mars 1855, par une basse mer de morte eau, on a trouvé, pour cette même salure, $11^{gr},78$ devant le Havre, $7^{gr},20$ devant Honfleur et $0^{gr},55$ devant Berville, sans qu'on ait observé, excepté pour ce dernier résultat, de différences appréciables entre la salure du fond et celle de la surface.

Le fait le plus saillant qui se dégage, tant des chiffres empruntés au tableau graphique de la salure de la Seine que de ceux obtenus à différentes époques à Berville par le service des ponts et chaussées, est que sur ce point, situé à l'Est de la ligne de délimitation de 1869, la salure à haute mer, dans les grandes marées, ne diffère guère de la salure des eaux prises au large à l'ouverture de la baie. La lettre de l'ingénieur

[1] Ce chiffre de $29^{gr},60$ est obtenu en multipliant par 1,85 la quantité 16 grammes de chlore contenue dans l'échantillon, et ce coefficient 1,85 est emprunté à la note au bas de la légende du tableau. — Il convient de remarquer que le tableau au-dessus de la note donne seulement $26^{gr},37$ pour la salure au fond et $25^{gr},85$ pour la salure à la surface ; mais les conséquences à tirer de ces chiffres sont à peu près les mêmes.

en chef de l'Eure donne pour cette salure, à Berville, 29gr,81, à peu près la même valeur que le tableau graphique pour l'embouchure de la Rille, et identiquement celle donnée dans la même lettre pour Honfleur, dans les mêmes circonstances de marée.

Les observations faites en août 1881 à Berville montrent que la salure à mer haute, assez faible en morte eau, croissait rapidement jusqu'à 22gr,25 le 13 août, jour où la marée atteignait 7m,90 d'après l'*Annuaire*.

Elles permettent de penser qu'avec les grandes marées de 8m,20 ce chiffre doit être beaucoup dépassé et de conclure que, pendant les grandes marées, le volume d'eau qui remplit l'estuaire à mer haute est presque entièrement composé d'eau de mer.

La salure que conservent les eaux de l'estuaire, à mer basse, pendant les grandes marées, est aussi de nature à faire accepter cette conclusion.

Le tableau graphique donne, en effet, d'après les observations de 1855 à mer basse, une salure de 11gr,26 à la hauteur de Honfleur et de 10gr,17 devant Berville. Les observations d'août 1881 donnent pour le 13, c'est-à-dire pour une marée approchant de celles de vive eau, une salure beaucoup plus forte à Honfleur, 21 grammes (on en donnera plus loin l'explication), et un peu plus faible à Berville, 7gr,30.

Il est donc incontestable qu'aux basses mers de vive eau le chenal, au lieu d'être rempli d'eau douce comme nous l'avons supposé dans le paragraphe précédent, renferme un mélange dans lequel l'eau de mer se trouve dans une assez forte proportion qu'on ne peut fixer à moins d'un tiers et qui est vraisemblablement plus considérable.

On comprend dès lors qu'à marée haute, lorsqu'une partie du mélange contenu dans le chenal à mer basse est refoulée dans le lit supérieur du fleuve et remplacée par les eaux du large, la salure devienne très-voisine de la salure normale de l'eau de mer, non-seulement sur la ligne du Hoc à Honfleur, mais encore à l'extrémité des digues, à 2 kilomètres à l'Est de la digue de délimitation de 1869.

Les observations de la *Lionne*, jointes à celles faites à la pointe Hoc le 4 septembre, ainsi qu'à Honfleur le 14 août et à Berville les 16 et 17 août 1881, nous renseignent sur la salure des eaux de l'estuaire pendant les petites marées. Les chiffres de salure correspondant aux maxima, à l'étale de flot et aux moyennes à mer basse, sont inscrits sur la carte de 1877, et l'on peut d'un seul coup d'œil embrasser ainsi l'ensemble des résultats. Voici les principales remarques qu'ils suggèrent :

A mer haute, sur la ligne du Hoc à Honfleur, la salure varie de $23^{gr},15$ à $25^{gr},05$ [1] ; c'est-à-dire qu'elle est, en moyenne, les quatre cinquièmes de la salure normale de l'eau du large, prise pour terme de comparaison. C'est dans le chenal, comme on doit s'y attendre, que la salure est le plus faible. Elle augmente lorsqu'on s'en écarte pour passer sur les bancs. Elle diminue lorsqu'on remonte le chenal sans le quitter, et elle passe ainsi de $24^{gr},20$ sur la ligne du Hoc à Honfleur à 20 grammes devant Orcher, à $10^{gr},90$ près de la ligne du Hode à Grestain, et à $7^{gr},20$ seulement devant Berville.

Pour interpréter sainement ces chiffres, il convient de remarquer que les plus élevés correspondent à la masse d'eau volumineuse qui occupe l'estuaire sur toute sa largeur entre Honfleur et les atterrissements de la rive droite, tandis que les plus faibles concernent le volume rétréci des eaux au sommet d'un triangle dont l'ouverture de l'estuaire est la base. Une moyenne serait donc ici dénuée d'exactitude, et le chiffre de 20 grammes trouvé devant Orcher représenterait mieux le degré de salure moyen de la masse entière des eaux occupant l'estuaire à marée haute en morte eau. Cette salure serait donc environ les deux tiers de la salure normale de la mer devant l'embouchure de la Seine [2].

A mer basse, en morte eau, on trouve sur la ligne du Hoc à Honfleur, des salures variant de $8^{gr},39$ dans le chenal à $11^{gr},75$ au Hoc, et à $17^{gr},55$ à Honfleur.

Remarquons d'abord combien ce chiffre de salure observé à Honfleur en 1881 est supérieur à celui qu'on trouve soit dans la lettre de l'ingénieur en chef du département de l'Eure de 1879 ($7^{gr},20$), soit dans le tableau graphique des salures de 1877 ($6^{gr},70$). Cette différence ne trouve d'explication plausible que dans le déplacement du chenal qui, en 1875, passait devant Honfleur et y amenait, à mer basse, les eaux douces du fleuve. Aux chiffres de salure qu'on y observait alors correspond celui de $8^{gr},39$ trouvé par la *Lionne* dans le chenal, sur la ligne du Hoc à Honfleur. Mais aujourd'hui, les eaux qui baignent ce dernier

---

[1] Ce chiffre de $25^{gr},50$ a été obtenu le 4 septembre, jour de petite marée, à la pointe du Hoc. Le 3, on a trouvé 28 grammes, et le 2, $29^{gr},20$. Nous ne tenons compte ici que du chiffre le plus faible.

[2] Cette fraction $^2/_3$ est celle qui résulterait, par un calcul analytique rigoureux, de l'hypothèse de la forme triangulaire du lit de l'estuaire, couvert à toute marée par les eaux, d'une valeur nulle de la salure au sommet de ce triangle, et d'une variation uniforme de la salure du sommet à la base, c'est-à-dire à l'ouverture de la baie.

port sont privées de bonne heure, avant la fin du jusant, de toute communication avec le chenal et le fleuve qui le remplit, de sorte qu'elles perdent beaucoup moins rapidement la salure qu'elles avaient à marée haute. Dans le chenal, les salures diminuent à mesure que l'on remonte, de 8^{gr},39 sur la ligne du Hoc à Honfleur, à 5^{gr},13 devant Orcher et à 1^{gr},21 près de la ligne du Hode à Grestain. Ici encore, on ne trouve pas un fleuve d'eau douce pure comme nous le supposions dans le paragraphe précédent, mais un volume d'eau mélangée dont la salure moyenne évaluée, comme on l'a fait ci-dessus, dans le cas de la mer haute, ne doit pas différer beaucoup de 5 grammes, c'est-à-dire du dixième environ de la salure normale de l'eau du large.

Les résultats de la discussion qui précède peuvent se résumer assez simplement ainsi qu'il suit :

1° Aux grandes marées, les volumes d'eau, les salures moyennes et les poids de sel oscillent entre 26 millions de mètres cubes d'eau contenant 10 grammes de sel par litre, ou 10 kilogr. par mètre cube, soit en tout 260 millions de kilogrammes de sel, à mer basse, et 345 millions de mètres cubes d'eau, contenant environ 29 grammes de sel par litre ou 29 kilogr. par mètre cube, soit en tout 9,947 millions de kilogrammes de sel à mer haute.

2° Aux petites marées, ces mêmes quantités oscillent entre 26 millions de mètres cubes contenant 5 grammes par litre ou 5 kilogr. par mètre cube, soit en tout 130 millions de kilogrammes de sel à mer basse, et 161 millions de mètres cubes d'eau contenant 20 grammes par litre ou 20 kilogr. par mètre cube, soit en tout 3,220 millions de kilogrammes de sel, à mer haute. Si l'on se rappelle que la salure de la mer au large de l'embouchure de la Seine est d'environ 30 grammes par litre, et si l'on remarque que les fortes salures accompagnent les plus grands volumes, on reconnaîtra à la seule inspection de ces chiffres la prépondérance marquée des eaux salées sur les eaux douces dans l'estuaire de la Seine, surtout durant les grandes marées.

Pour préciser davantage et traduire en chiffres cette prépondérance, on peut supposer, ce qui est assez plausible, que les volumes d'eau et les poids de sel varient proportionnellement au temps pendant chaque marée. Alors, on obtiendra un chiffre de salure moyenne correspondant à cette période entière en divisant la somme des poids de sel au commencement et à la fin de la période, c'est-à-dire à mer basse et à mer haute, par la somme des volumes correspondants.

Ces calculs fort simples donnent, pour la salure moyenne d'une période entière de grande marée, 27^{gr},06 par litre, et pour celle d'une petite marée 17^{gr},09, chiffres qui, comparés à la salure de la mer, 30 grammes par litre, résument les conséquences des expériences de salure prescrites par la commission et de la discussion qui en a été faite dans ce paragraphe.

§ 4. — *Considérations géologiques.*

La première partie de ce rapport renferme les résultats de l'analyse qui a été faite, par M. Lennier, des échantillons de terrains recueillis par la commission : sur la rive droite de l'estuaire, du Hoc à Tancarville ; et, sur la rive gauche, de Honfleur à Berville. On voit, d'après ces résultats, que le sable entre pour environ neuf dixièmes dans la constitution des terrains litigieux. C'est, d'après M. Lennier, du sable siliceux provenant de l'usure et de la trituration des bancs de silex de la craie qui forme presque entièrement les falaises, entre la Hève et Antifer, et qu'on retrouve à l'Ouest de l'embouchure de la Seine, dans toutes les collines du littoral ; mais la plupart de ces collines, aux pentes douces et couvertes de verdure et de bois, n'ont pas leur pied battu par la mer comme les falaises au Nord du Havre. Celles-ci, constamment minées à leur base par les courants ou les vagues, subissent fréquemment des éboulements considérables.

Le rapport de M. Lennier mentionne deux de ces éboulements : le premier, qui a eu lieu le 14 juin 1861, sur la côte de la Hève, et qui a fait rouler plus de 40,000 mètres cubes de roches comme une avalanche au bord de la mer ; le second, en juillet 1866, par lequel une surface totale de 8 hectares de terrains au-dessus de la falaise de Sainte-Adresse a été entraînée à la mer. On a dit déjà que cette falaise s'étendait, il y a sept cents ans, au delà du banc de l'Éclat, et que l'église de Sainte-Adresse était alors bâtie au point où se trouve aujourd'hui le banc.

Après le sable vient l'argile dans la proportion de 4 à 5 p. 100. C'est une argile rouge qui, d'après M. Lennier, ne peut provenir que de la falaise de Dive à Villers ; car, si les fonds de la baie sont composés d'argile sur une vaste étendue, ils sont couverts de sables, de graviers et d'une végétation sous-marine qui empêchent leur dégradation et le transport sur le littoral des argiles du sous-sol.

Il est à remarquer que les échantillons A ou 12 *bis*, B ou 12 *ter*, recueillis à Fiquefleur sur des terrains d'anciennes alluvions, ont donné une plus forte proportion d'argile et une moindre proportion de sable que les échantillons recueillis sur les alluvions plus récentes des terrains litigieux.

Le carbonate de soude n'entre dans les résultats des analyses que pour une faible proportion. Sa présence, comme celle des matières organiques, ne peut offrir aucune indication utile.

Si l'on compare entre eux les résultats obtenus sur différents points de l'estuaire, sur les terrains litigieux et en dehors de ces terrains au-dessous de Tancarville, on voit qu'ils diffèrent assez peu, et l'on est ainsi autorisé à conclure qu'en général tous ces terrains formés d'alluvions dans l'estuaire ont la même composition et par conséquent la même origine. Ils sont tous formés par le dépôt de sédiments arrachés aux rivages de la mer des deux côtés de l'embouchure, transportés par le courant de flot dans l'estuaire et déposés sur les fonds et les bancs au moment de l'étale du flot comme il a été dit plus haut.

Sans aucun doute, les terrains d'alluvion situés entre Tancarville et la ligne du Hode à Grestain ont un caractère maritime comme ceux à l'Ouest de cette ligne ; mais l'Administration qui l'a choisie comme ligne de délimitation, par le décret de 1869, a renoncé par ce fait à exercer aucune revendication des premiers terrains. Il lui serait d'ailleurs difficile de chercher à modifier aujourd'hui cette délimitation au détriment des propriétaires riverains, sans tenir compte d'autres circonstances favorables à ceux-ci et telles, par exemple, que la configuration actuelle du fleuve endigué jusque devant Berville.

Il a été souvent question dans les pièces du dossier de cordons de galets qui se trouvent au pied des falaises de la rive droite et qu'on rencontre aussi en amont de Fiquefleur et au delà de Berville, le plus souvent recouverts par des alluvions récentes. Mais rien n'indique que ces galets n'ont pas été produits sur place lorsque la mer rongeait le pied de ces falaises. Il n'y a donc aucune conclusion à tirer de ce fait au point de vue de la nature des alluvions et de la délimitation de la mer.

Les espèces d'oiseaux et de poissons qui fréquentent l'estuaire ne peuvent davantage jeter des lumières sur la question. Celles mêmes de ces espèces qui vivent habituellement sur la mer ou les rivières ou dans leurs eaux en franchissent trop souvent les limites pour que leur présence sur un point ou un autre de l'estuaire fournisse une indication précise de nature à fixer la délimitation.

Il en est autrement des mollusques et de leurs coquilles. Leurs débris, qui guident sûrement le géologue dans l'étude de l'histoire du globe, peuvent lui révéler aussi le caractère maritime ou fluvial des alluvions dans lesquelles on les rencontre Ainsi, M. Lennier constate l'existence dans l'estuaire, jusque devant Berville, de mollusques tels que le *Mytilus edulis*, le *Lutraria compressa* et le *Cardium edule*, auxquels on s'accorde à reconnaître un caractère exclusivement maritime. Le savant anglais Lyell, dans ses *Principes de géologie* (V. I, p. 576), tire même de la présence des débris fossiles du *Cardium edule*, dans les sables du grand désert du Sahara, la preuve que ces sables ont été autrefois recouverts par les eaux de l'Océan. Plus loin (p. 802), il classe le *buccin* avec le *Cardium* parmi les mollusques maritimes. Or, la commission, dans sa visite des lieux litigieux, rencontrait à chaque pas sur la laisse de basse mer ou sur la limite du rivage, mêlés aux varechs poussés par le flot, ces amas d'œufs de buccin auxquels on donne vulgairement le nom d'*éponges de mer*.

A la vérité, M. Lennier cite aussi dans son rapport un certain nombre de mollusques maritimes qu'on ne trouve pas en amont de la ligne du Hoc à Honfleur. Ce sont, par exemple, les *cirrhipèdes*, les *aphrodites*, les *astéries*, etc. Il est aussi certains *céphalopodes* qui ne paraissent dans l'estuaire qu'en été ; mais ces circonstances particulières qu'il convient de noter ne peuvent détruire entièrement, si elles l'affaiblissent, l'argument tiré de la présence du *Mytilus edulis*, du *Lutraria compressa*, du *Cardium edule* et du *Buccinum* dans la partie litigieuse de l'estuaire de la Seine, et du caractère exclusivement maritime de ces mollusques.

La flore de l'estuaire, dont il nous reste à parler, se modifie avec l'état des bancs et des alluvions. Lorsqu'ils sont encore baignés chaque jour par la marée, la plante appelée vulgairement criste marine (*Salicornia herbata*) y précède toute autre végétation. Ses racines s'attachent fortement à la vase ou au sable vaseux. Son nom scientifique, comme son nom vulgaire, indique suffisamment d'ailleurs, la nature des eaux dans lesquelles elle végète. A mesure que le terrain s'exhausse et s'assèche, elle disparaît pour faire place à une autre plante maritime, l'*aster* (*Aster tripolium*). « Cette plante, dit M. Lennier dans son rapport, végète sur les terrains d'alluvion récente. Elle est très-vigoureuse près des rivages, dans les terrains vaseux fréquemment baignés par le flot. Elle s'étiole au fur et à mesure que le terrain se dessèche ; sur le bord des marais, au pied des falaises, près de la route, on ne la rencontre plus. »

Lorsque l'exhaussement de l'alluvion l'a soustraite à l'invasion quotidienne des marées, la végétation maritime est remplacée par des plantes fourragères et les engrais déposés par les animaux mis à la pâture en favorisent la végétation. La commission a constaté la présence de ces animaux et l'exploitation de ces prairies dans les mêmes conditions que celles des prairies de l'intérieur ou des bords du fleuve. Mais il faut remarquer que cette circonstance n'apporte aucune preuve en faveur de la formation fluviale des atterrissements. A quelque cause qu'ils doivent leur origine, on comprend qu'ils puissent recevoir et développer les germes des plantes croissant dans le voisinage, dès l'instant où ils ne sont plus visités que rarement par les eaux des marées. Partout on voit les relais de mer, sous l'influence de circonstances favorables, devenir susceptibles de culture. Nous n'en donnerons ici qu'un exemple, emprunté au savant ouvrage de Lyell (*Principes de géologie*), ouvrage traduit en français et devenu presque classique [1].

« Au Nord de la ville de Lowestoff, sur la côte orientale d'Angleterre, se trouve une étendue de sable, basse et unie, nommée *le Ness* [2], qui est en grande partie hors d'atteinte des plus hautes marées. Cette alluvion, d'un caractère maritime incontestable, est en progrès sur la mer, contre laquelle la défendent des digues successives de galets formées par la mer même. L'*Arundo* et plusieurs autres plantes marines y ont pris racine. Au bout d'un certain temps, elles recouvrent aussi les surfaces limitées par ces digues ; puis elles sont remplacées par des herbages de meilleure nature qui fournissent d'excellents pâturages, et les sables acquièrent assez de consistance pour pouvoir supporter des constructions. »

Ainsi, il est dans la nature des alluvions maritimes, comme des alluvions fluviales, de devenir propres à la culture s'il se présente un concours de circonstances favorables à la végétation ; l'existence de pâturages couvrant les atterrissements de l'estuaire de la Seine ne jette donc aucun jour sur leur origine. C'est à l'analyse des terrains et à

---

[1] Paris, Garnier frères, 1873.

[2] Au-dessous de la falaise de Tancarville, le terrain d'alluvion porte le nom de *Nais*, dont l'origine normande semble résulter de ce rapprochement.

l'étude de leur constitution intime qu'il faut recourir pour en déterminer la nature. On a vu, dans ce paragraphe du rapport, que le résultat de ce genre de recherches concorde entièrement avec les indications fournies par différentes considérations d'un autre ordre.

Telles sont les constatations et les considérations d'ordre géographique, hydrographique et géologique que la visite des lieux, ordonnée par le Conseil, a permis de réunir et qui peuvent être de nature à l'éclairer sur le régime de la baie de Seine et sur la valeur de la délimitation transversale résultant du décret de 1869.

III.

DÉLIMITATION LATÉRALE DU RIVAGE DE LA MER.

Plusieurs circonstances créent pour la délimitation du rivage de la mer à l'embouchure de la Seine des difficultés qu'on rencontre rarement ailleurs. En premier lieu, la faible pente des terrains, qui ne dépasse guère 1 mètre pour 1,000 mètres. Il en résulte qu'une légère variation de la hauteur maximum de la marée, le jour de l'opération de délimitation, peut avoir pour effet de modifier singulièrement le tracé de la ligne de délimitation et de placer de vastes surfaces de terrain en deçà ou au delà de la limite du rivage et du domaine public. En outre, le cordon de varechs et autres débris de plantes marines qui marque généralement la limite des marées n'est plus aussi distinct lorsque les herbes viennent l'intercepter. Enfin, l'arrivée de la mer se manifeste de bonne heure par l'imbibition des terrains, qui prennent un aspect marécageux avant d'être véritablement couverts par le flot.

On comprend dès lors de quelles difficultés serait entourée une opération de délimitation sur une aussi longue distance que celle du Hoc au Hode ou de Honfleur à Berville, si la ligne en devait être tracée sur des terrains herbés et presque horizontaux, comme ceux où la commission du Conseil d'État a vu le flot s'arrêter le 10 août 1881 sur la rive droite et le 11 sur la rive gauche.

Mais la commission de délimitation a vu le 30 mars 1873 les terrains litigieux couverts sur les deux rives et le flot atteindre tantôt les berges de l'estuaire, tantôt les fossés d'une grande route. Ses opérations ne sont d'ailleurs l'objet d'aucune critique. Le seul doute qu'elles puissent laisser dans l'esprit tient à l'absence de renseignements au dossier sur les circonstances météorologiques qui l'ont accompagnée et à ce fait que les 10 et 11 août 1881, par des marées de 8m,05 et 8m,10, égales en hauteur au plus grand nombre des marées équinoxiales inscrites depuis plusieurs années dans l'*Annuaire*, la commission du Conseil d'État a vu la ligne du flot maximum s'arrêter, sur plusieurs points, à une assez grande distance en deçà de la ligne de délimitation de 1873.

On a vu en effet dans la première partie de ce rapport que lorsque la commission s'est transportée le 10 août, à l'heure de la marée haute, sur les terrains litigieux de la rive droite, elle a constaté qu'une large bande de terrains de largeur variable, dépassant parfois 1 kilomètre, était soustraite à l'envahissement des eaux de la marée de ce jour-là, qui atteignait 8m,05 au marégraphe du Havre. Elle a constaté pareillement le lendemain, sur la commune de Fiquefleur, l'existence en amont du pont de la Maurelle, d'un terrain plus élevé que ceux qui l'avoisinent et que n'avait pas recouvert la précédente marée, cotée 8m,10 au marégraphe du Havre. Ce dernier terrain appartient à ceux qui ont fait l'objet du célèbre arrêt *Manneville* de la cour de Rouen.

Ces constatations de la commission étaient d'ailleurs assez conformes aux indications de la carte n° 2,088, dont les travaux, datant de 1875, sont postérieurs de deux ans à ceux de la commission de délimitation latérale. Il est facile de s'assurer que, d'après cette carte, une marée de 8m,05 sur la rive droite, et de 8m,10 sur la rive gauche, devait laisser en dehors de son atteinte, surtout sur la rive droite, une partie des terrains compris dans le domaine public par le décret de 1877.

Ainsi, l'on trouve sur la rive droite dans la baie comprise entre le Hoc et le Hode, de nombreuses cotes de hauteur des fonds au-dessus du zéro des cartes, supérieures à 8m,05, et particulièrement entre Oudalle et Sandouville une cote de 8m,80 à 500 mètres de la falaise. On observe sur la rive gauche quelques cotes de 8m,10 et 8m,20, mais assez près du rivage.

Si ces cotes, obtenues avec toute la précision des travaux hydrographiques, avaient été plus nombreuses, elles auraient pu servir à opérer une délimitation latérale très précise, en faisant passer la ligne de démarcation par toutes les cotes de même hauteur que la marée équinoxiale de mars. Que cette ligne eût été tracée avec la hauteur de 8m,10 de la marée du 30 mars 1877, ou avec celle de 8 mètres du 2 mars 1881, elle se fût toujours écartée notablement de la ligne de délimitation adoptée par le décret de 1877, et elle eût laissé en dehors du domaine public, certaines étendues de terrains que ce décret y a comprises.

Ce désaccord entre les résultats de la délimitation de 1873 et les constatations de la commission du Conseil d'État, confirmées par les cotes de la carte n° 2,088, peut tenir soit à l'exhaussement des terrains litigieux depuis 1873, soit à une hauteur exceptionnelle de marée le 30 mars de cette année 1873, soit à ces deux causes réunies. Parlons d'abord de l'exhaussement des terrains.

Il n'est pas douteux que les bancs recouverts chaque jour par la marée, à l'embouchure de la Seine, ne s'exhaussent rapidement par l'effet des dépôts de sédiments, si d'ailleurs ils échappent à l'action corrosive des courants qui peuvent les bouleverser ou les détruire.

Des expériences précises ont été faites, à ce sujet, à Honfleur, par M. Arnoux, ingénieur des ponts et chaussées, de 1868 à 1869. Elles sont citées par M. Estignard et il convient d'en donner ici les résultats.

Il se déposait par marée, dans l'avant-port de Honfleur :

7,5 millimètres	à la cote	1^{m},30	au-dessus du zéro	des cartes marines.
6	—	2 ,50	—	—
4	—	3 ,70	—	—
1	—	4 ,90	—	—
0,05	—	5 ,90	—	—
0	—	7 ,90	—	—

Ainsi, même pour les bancs recouverts chaque jour par la marée et soustraits à l'action des courants, l'exhaussement diminue rapidement, à mesure que la cote du niveau augmente.

Lorsque les bancs ne sont plus recouverts par les grandes marées, l'exhaussement produit par le dépôt des matières solides en suspension devient d'autant plus faible que ces marées sont plus rares. A la vérité, une autre cause d'exhaussement commence à se manifester : c'est celle qui provient de la culture du sol, de la présence des animaux et du dépôt des poussières suspendues dans l'atmosphère et arrêtées par les végétaux, mais on sait que ces causes ne produisent que très-lentement des effets perceptibles. Or, il s'agit ici d'un exhaussement qui se serait manifesté, dès l'année 1875, par le retrait des eaux sur une étendue de près de 1 kilomètre en un certain point de la rive droite. Comment expliquer, d'ailleurs, que cet exhaussement considérable se soit produit pendant les deux années qui ont suivi les opérations de la commission de délimitation du rivage de la mer et qu'il n'ait pas continué de faire d'aussi rapides progrès durant la période trois fois plus longue de 1875 à 1881 ? On est donc amené à n'attribuer qu'une faible influence à cet exhaussement et à admettre, pour explication principale du désaccord constaté, la seconde hypothèse, savoir : que le 30 mars 1873, jour des opérations de la commission de délimitation, la marée a atteint une hauteur exceptionnelle, notablement plus grande que celle $8^{m},05$ de la marée observée le 10 août sur la rive droite et même que celle $8^{m},10$ de la marée observée le 11 du même mois sur la rive gauche par la commission du Conseil d'État.

Le dossier ne fournissant aucune indication propre à éclairer sur la valeur de cette seconde hypothèse, il a fallu recourir au registre météorologique du port du Havre, tenu par le service des ponts et chaussées, pour connaître les circonstances dans lesquelles a eu lieu la délimitation du 30 mars 1873, qui a servi de base au décret de 1877, objet du pourvoi. Voici les indications qu'il fournit, complétées par les hauteurs des hautes et basses mers, d'après l'*Annuaire des marées*. Malheureusement, ce registre ne fournit que la direction du vent, sans en donner la force :

30 mars 1873.

		Heure de l'observation de la marée.	Direction du vent.	Hauteur de la marée : observée au marégraphe.	Hauteur de la marée : calculée dans l'annuaire.	Baromètre : Heure de l'observation.	Baromètre : Hauteur.
		h. m.		m.	m.	h.	m.
Haute mer . . .	Matin .	10,08	O. 1/4 N. O.	8,38	8,10	6 matin. .	0,760
						9 —	0,760
	Soir. .	10,30	E. 1/4 N. E.	8,20	7,90	Midi . . .	0,762
Basse mer. . . .	Matin .	6 •	O. 1/4 N. O.	0,65	0,40	3 soir. . .	0,761
						6 —. . .	0,761
	Soir. .	6,12	E. 1/4 N. E.	0,67	0,40	9 —. . .	0,758

L'instrument appelé *marégraphe*, qui sert à enregistrer les hauteurs successives de la marée au Havre et auquel on a demandé les maxima et les minima inscrits dans le tableau ci-dessus, est composé d'un cylindre qu'un mouvement d'horlogerie fait tourner autour de son axe, tandis qu'un crayon mobile suivant la génératrice du cylindre et commandé par un flotteur se meut suivant cette génératrice. Si les indications de cet instrument sont exactes, la hauteur maximum de la marée, le 30 mars 1873 au matin, a excédé de 28 centimètres la hauteur calculée de l'*Annuaire* et, par suite, la ligne de délimitation arrêtée par la commission a dû être portée à une plus grande distance à l'intérieur que si la marée n'avait subi d'autre influence que celles des causes astronomiques et normales qui la produisent.

On peut objecter, à la vérité, que cette différence en plus, qu'on trouve à peu près la même dans toutes les observations de ce jour, bien que le vent ait soufflé de l'Ouest le matin et de l'Est le soir, peut tenir à un défaut d'exactitude de l'instrument, à une tare dont il n'aurait pas été corrigé.

Pour apprécier la valeur de cette objection, il faudrait pouvoir comparer les hauteurs de marée calculées et inscrites dans l'*Annuaire* à celles observées au marégraphe du Havre en l'absence de circonstances météorologiques de nature à influer sensiblement sur ces hauteurs.

Le tableau ci-joint donne des résultats de comparaisons de ce genre pour les périodes du 9 au 22 août et du 2 au 4 septembre pendant lesquelles ont eu lieu les observations prescrites par la commission.

Mais de forts vents d'Ouest n'ont guère cessé de souffler dans la Manche pendant la première période. Aussi les hauteurs de marée observées au marégraphe ont toujours dépassé celles inscrites dans l'*Annuaire*. — A haute mer, la différence n'a jamais été moindre que 15 centimètres ; elle a atteint parfois 60 centimètres. A basse mer, elle a varié entre 18 et 70 centimètres. Les 2, 3 et 4 septembre, le vent soufflant du Nord, quelques hauteurs observées ont été moindres que les hauteurs calculées. Pour les autres, l'écart en plus n'a pas dépassé 23 centimètres pour les maxima et 39 centimètres pour les minima.

Il est à remarquer d'ailleurs que les écarts en plus de 25 et 10 centimètres observés les 10 et 11 août 1881, jours des opérations de la commission sur les terrains litigieux, semblent les conséquences naturelles des très-forts vents d'Ouest qui soufflaient alors, et qu'on ne pourrait appliquer aux hauteurs du marégraphe observées ce jour-là une correction négative sensible sans aboutir à une invraisemblance.

Aucun des faits parvenus à la connaissance de la commission ne semble donc de nature à autoriser la supposition d'une erreur dans les indications du marégraphe du Havre, et elle se trouve ainsi amenée à penser que la marée observée le 30 mars 1873 par la commission de délimitation a été une marée exceptionnelle dont la hauteur a subi l'influence des causes météorologiques.

DATES.		DIRECTION et force du vent.	HAUTEUR du baromètre.	HAUTES MERS. Hauteur observée avec le marégraphe.	Hauteur calculée d'après l'Annuaire.	Différence.	BASSES MERS. Hauteur observée avec le marégraphe.	Hauteur calculée d'après l'Annuaire.	Différence.
9 août 1881.	Matin.	Très-fort O.S.O.	0m,751	8m,09	7 ,60	+ 0m,49	1m,67	1m,10	+ 0m,57
	Soir.	Très-fort S. O. à N. N. O.	0 ,757	8 ,17	7 ,80	+ 0 ,37	1 ,49	0 ,90	+ 0 ,59
10 août.	Matin.	Très-fort du	0 ,760	8 ,05	7 ,80	+ 0 ,25	1 ,10	0 ,70	+ 0 ,40
	Soir.	S. O. au O. S. O.	0 ,759	»	8 ,00	»	1 ,18	0 ,60	+ 0 ,58
11 août.	Matin.	Très-fort	0 ,763	8 ,10	8 ,00	+ 0 ,10	0 ,90	0 ,40	+ 0 ,50
	Soir.	du O. S. O. au O. N. O.	0 ,762 / 0 ,764	»	8 ,10	»	0 ,90	0 ,50	+ 0 ,40
12 août.	Matin.	Fort d'Ouest.	0 ,759	»	»	»	0 ,85	0 ,40	+ 0 ,45
	Soir.		0 ,756	»	»	»	»	»	»
13 août.	Matin.	. . . .	0 ,753	8 ,05	7 ,90	+ 0 ,15	»	»	»
	Soir.	. . . .	0 ,755	»	»	»	»	»	»
14 août.	Matin.	. . . .	0 ,757	»	»	»	»	»	»
	Soir.	. . . .	0 ,758	8 ,00	7 ,60	+ 0 ,40	»	»	»
15 août.	Matin.	Jolie brise	0 ,759	»	»	»	»	»	»
	Soir.	de O. S. O.	0 ,759	7 ,72	7 ,60	+ 0 ,12	»	»	»
16 août.	Matin.	Jolie brise	»	»	»	»	2 ,37	1 ,70	+ 0 ,67
	Soir.	de O. S. O.	»	7 ,39	6 ,90	+ 0 ,49	»	»	»
17 août.	Matin.	Très-forte brise	»	»	»	»	»	»	»
	Soir.	d'Ouest.	»	7 ,09	6 ,40	+ 0 ,69	3 ,30	2 ,60	+ 0 ,70
18 août.	Matin.	Très-forte brise	»	6 ,62	6 ,50	+ 0 ,12	3 ,37	2 ,70	+ 0 ,67
	Soir.	d'Ouest.	»	6 ,56	6 ,10	+ 0 ,46	3 ,12	2 ,90	+ 0 ,22
19 août.	Matin.	Bonne brise et grand frais	»	6 ,20	6 ,00	+ 0 ,20	3 ,17	2 ,90	+ 0 ,27
	Soir.	d'Ouest.	»	6 ,59	6 ,10	+ 0 ,49	»	»	»
20 août.	Matin.	Petite brise	»	6 ,48	6 ,10	+ 0 ,38	3 ,15	2 ,80	+ 0 ,35
	Soir.	de S. O. à Ouest.	»	6 ,63	6 ,40	+ 0 ,23	3 ,20	2 ,70	+ 0 ,50
21 août.	Matin.	. . . .	»	6 ,73	6 ,40	+ 0 ,33	2 ,68	2 ,50	+ 0 ,18
	Soir.	. . . .	»	7 ,10	6 ,70	+ 0 ,40	2 ,85	2 ,30	+ 0 ,55
22 août.	Matin.	. . . .	»	7 ,03	6 ,70	+ 0 ,33	2 ,57	2 ,10	+ 0 ,47
	Soir.	. . . .	»	7 ,32	7 ,00	+ 0 ,32	2 ,33	2 ,00	+ 0 ,33
2 septemb.	Matin.	Forte brise	»	6 ,52	6 ,50	+ 0 ,02	2 ,77	2 ,50	+ 0 ,27
	Soir.	de Nord.	»	6 ,63	6 ,40	+ 0 ,23	2 ,76	2 ,60	+ 0 ,16
3 septemb.	Matin.	Forte brise	»	6 ,24	6 ,30	— 0 ,06	2 ,98	2 ,60	+ 0 ,38
	Soir.	de Nord.	»	6 ,50	6 ,40	+ 0 ,10	2 ,80	2 ,50	+ 0 ,30
4 septemb.	Matin.	. . . .	»	6 ,55	6 ,40	+ 0 ,15	»	»	»
	Soir.	. . . .	»	6 ,85	7 ,00	— 0 ,15	2 ,79	2 ,40	+ 0 ,39

Pour s'éclairer sur ce point, la commission du Conseil d'État a cherché d'abord à savoir si, indépendamment de toute influence météorologique et en ne tenant compte que des hauteurs calculées et inscrites dans l'*Annuaire des marées*, le grand flot de mars, dont la limite, d'après l'article 1er du titre VII, livre IV, de l'ordonnance de 1681, est celle du rivage de la mer, atteint la hauteur maximum de toute l'année. Elle a reconnu que le grand flot de mars n'a pas toujours ce caractère et qu'il est souvent dépassé en hauteur par d'autres marées, sans que celles-ci soient favorisées par les circonstances météorologiques telles que de forts vents du large accompagnés par une baisse marquée du baromètre. Ainsi, sans remonter au delà de dix années, on trouve qu'il y a eu au Havre, en 1871, treize marées supérieures de un décimètre à la grande marée de mars de la même année ; en 1872, six ; en 1873, trois ; en 1874, vingt ; en 1875, une ; en 1877, deux.

Cette dérogation apparente aux lois vulgairement admises et sur l'exactitude desquelles le législateur de 1681 ne semble pas avoir eu de doute[1], trouve son explication dans les lois mêmes qui président aux mouvements des marées. Parmi les causes astronomiques nombreuses qui influent sur leurs hauteurs, les phases de la lune, la distance absolue du soleil à la terre et la déclinaison du soleil et de la lune sont les plus énergiques. Lorsque l'équinoxe du printemps, le plus rapproché du périgée, suit d'un jour ou deux une syzygie et qu'en même temps la lune est dans le voisinage de l'équateur, les principales conditions astronomiques sont réunies pour donner au grand flot de mars la plus grande hauteur de toute l'année ; mais il arrive parfois que ce soit une quadrature qui arrive un jour ou deux après l'équinoxe ou qu'à ce moment la lune ait une forte déclinaison. Alors les influences, qui, dans le premier cas, concouraient toutes à augmenter la hauteur de la marée, se contre-balancent en partie, et le grand flot de mars peut avoir une hauteur inférieure à celle de plusieurs autres marées de l'année.

Lorsque, comme dans l'espèce, les terrains sur lesquels s'opère la délimitation ont une très-faible pente, plusieurs questions présentant un sérieux intérêt pour les parties peuvent se poser concernant la hauteur de marée qu'il y a lieu de choisir pour cette opération. On peut se demander s'il faut prendre celle inscrite dans l'*Annuaire* pour le jour du grand flot de mars (8m,10 pour le 30 mars 1873, dans l'espèce) ou le maximum de ces hauteurs inscrites dans l'*Annuaire* de l'année de la délimitation (8m,20 dans le cas actuel) ; ou enfin le maximum *maxi-*

---

[1] L'article 1er du titre VII, livre IV, de l'ordonnance de 1681, porte : « Sera réputé bord et rivage de la mer tout ce qu'elle couvre et découvre pendant les nouvelles et pleines lunes et jusqu'où le grand flot de mars se peut étendre sur les grèves. »

morum des hauteurs de marée normales pendant une longue suite d'années (ce serait encore 8^{m},20 dans l'espèce).

Si maintenant on s'en tient aux hauteurs observées, lesquelles sont fréquemment accrues par les vents du large et l'abaissement de la colonne barométrique, on trouve qu'au Havre, à toutes les époques de l'année, la plupart sont notablement supérieures à celles inscrites dans l'*Annuaire des marées* et qu'il y en a même un très-grand nombre qui dépassent notablement la hauteur 8^{m},38 observée à la marée du matin du 30 mars 1873.

On a en effet relevé sur le registre météorologique du port du Havre soixante hauteurs observées de marées supérieures à 8^{m},38 pendant les années comprises de 1871 à 1880 inclusivement, avec quelques mois de lacune. Le 12 mars 1876 et le 1er janvier 1877, on a même observé des marées de 8^{m},91.

En tenant compte de ces faits, on peut certainement prétendre que la marée de 8^{m},20 du 30 mars 1873 n'a pas un caractère tout à fait exceptionnel.

Le Conseil appréciera si ces constatations sont de nature à être retenues dans sa délibération sur la validité du décret du 9 juin 1877.

Le Conseiller d'État Rapporteur,
Signé : BOURGOIS.

Séance du Conseil d'État au contentieux du 3 mars 1882. Conclusion du commissaire du Gouvernement.

Dans sa séance du 3 mars 1882, le Conseil d'État, statuant au contentieux, a entendu les rapports de la commission de visite des lieux et de la section du contentieux, lus par M. le maître des requêtes Mathéus, rapporteur, ainsi que les plaidoiries des avocats des parties.

Mes Gosset et Boivin-Champeaux ont soutenu les conclusions des propriétaires appuyées sur une possession ancienne et sur plusieurs arrêts de la Cour de cassation interprétant l'ordonnance de 1681. Ils ont demandé que la limite de la Seine fût reportée à une ligne tirée de la pointe du Hoc sur la rive droite à l'extrémité orientale du nouveau bassin de Honfleur.

M. Le Vavasseur de Précourt, commissaire du Gouvernement, a donné les conclusions suivantes :

« Messieurs, le Conseil d'État a reconnu l'importance de l'affaire qui lui est soumise, en ordonnant, par son arrêt du 22 juillet 1881, une visite des lieux par une commission composée de plusieurs de ses membres. La commission a effectué cette visite les 9, 10 et 11 août, accompagnée des ingénieurs, des propriétaires et de leurs représentants, et de M. Lennier, auteur de travaux géologiques sur la baie de Seine; jamais, devant aucune juridiction, affaire ne s'est présentée avec des garanties plus sérieuses pour l'examen des intérêts en cause.

L'administration est appelée à tracer sur les fleuves trois délimitations distinctes : 1° la limite extrême où cesse de se faire sentir l'action de la marée : cette limite, qui est celle de l'inscription maritime, est fixée, pour la Seine, en amont de Rouen, à l'écluse de Martot (décret du 20 avril 1870) ; 2° la limite de la salure des eaux : cette limite, au delà de laquelle les règlements maritimes sur la pêche sont remplacés par les règlements sur la pêche fluviale, a été établie à la face aval du pont suspendu de Rouen (décret du 5 mars 1864); 3° la limite séparative du rivage fluvial et du rivage maritime. Le décret du 24 février 1869 a fixé cette limite par une ligne transversale allant du cap du Hode, sur la rive nord, à la hauteur de l'abbaye de Grestain, en aval de l'embouchure de la Risle, sur la rive sud : le décret du 8 juin 1877 a fixé, sur chaque rive, la délimitation latérale du rivage et des propriétés privées, d'après la ligne atteinte par la marée le 30 mars 1873, ligne qui, sur la rive nord, s'étend jusqu'au pied des falaises.

En ordonnant une visite des lieux, le Conseil d'État a jugé que la requête était recevable, même contre le décret de 1869 : ce décret, tant qu'il n'était pas complété par celui de 1877, ne causait aucun préjudice aux propriétaires et n'aurait pu être attaqué par eux (Conseil d'État, 4 août 1876, 27 avril 1879; Tribunal des conflits, 27 mai 1876); aujourd'hui, le Conseil, sous la forme d'un recours pour excès de pouvoirs, est appelé, en réalité, à juger tout le contentieux de la délimitation (Conseil d'État, 27 mai 1863, *de Lanégon*).

L'intérêt de la question est très-grand. Si les alluvions sont fluviales, elles appartiennent aux riverains, par application de l'article 556 du Code civil. Sinon, ces immenses terrains, que doit traverser le canal de Tancarville, sont à l'État, s'ils sont couverts par les eaux des grandes marées, et les riverains n'ont d'autre droit qu'un droit à indemnité devant l'autorité judiciaire (Tribunal des conflits, 11 janvier 1873), sous la réserve de droits de propriété résultant d'actes antérieurs à 1566 ou de décisions judiciaires. L'État invoque un intérêt d'un autre ordre, l'intérêt du port du Havre. Ce port, par une merveilleuse faveur de la nature, conserve la pleine mer étale pendant près de deux heures, mais il est menacé, par l'éboulement des falaises, du danger de l'ensablement.

La baie de Seine reçoit à chaque marée une grande quantité d'eau, et le temps nécessaire à ce mouvement des eaux favorise la durée de la pleine mer au Havre; en même temps, la marée apporte et dépose dans la baie une grande partie des sables provenant des falaises ; il y aurait donc un grand intérêt, pour le Havre, à ce que la baie restât accessible aux eaux, et à ce que les dispositions de l'ordonnance de 1681, qui interdisent, sur le rivage, tout travail de nature à nuire à leur écoulement, puissent y être appliquées. Il nous semble que cet intérêt pourrait être sauvegardé même si le rivage était réputé appartenir à un cours d'eau dont le *plenissimum flumen* serait forcément très-étendu ; le danger que redoute la ville du Havre n'est pas dans les travaux faits sur alluvions, mais bien plutôt dans le prolongement éventuel des digues de la Seine.

Avant d'examiner les questions spéciales relatives à la Seine, nous devons établir le sens précis de la disposition de l'ordonnance de

1681 (titre VII, liv. IV, art. 1er) « sera réputé bord et rivage de la mer tout ce qu'elle couvre et découvre pendant les nouvelles et pleines lunes, et jusqu'où le grand flot de mars se peut étendre sur les grèves ». Qu'est-ce qu'une grève? Qu'est-ce que le grand flot de mars? Quelles sont les règles à appliquer à l'embouchure des fleuves?

Qu'est-ce qu'une grève? Est-ce seulement un terrain couvert de sable ou de gravier? C'est dans ce sens restrictif, dit-on, que le mot doit être entendu : on ne comprendrait pas autrement son insertion dans l'article précité de l'ordonnance de 1681, article dont le second membre de phrase ne serait qu'une inutile répétition du premier, si le mot de grève était synonyme de toute terre couverte par les eaux : le domaine public, d'après l'article 538 du Code civil, comprend ce qui n'est pas susceptible de propriété privée; les rivages cultivés de la mer ne sauraient en faire partie.

Cette interprétation est contraire à la législation antérieure à 1681, au texte du droit romain qui étend le rivage *quousquè maximus fluctus exæstuat*, texte toujours applicable aux bords de la Méditerranée, et on ne comprendrait pas que l'autorité royale, si jalouse de défendre les prérogatives du domaine, en ait ainsi restreint l'étendue; la grève, c'est tout terrain uni et plat au bord de la mer. L'ordonnance de 1681, dans de nombreuses dispositions, soit qu'elle définisse la compétence de l'amiral, soit qu'elle s'occupe des naufrages, soit qu'elle détermine ceux des poissons, échoués sur les grèves, qui doivent être considérés comme poissons royaux, se sert du mot grèves dans le sens de rivages maritimes (ord. de 1681, livre Ier, titre II, art. 5 et 8; livre V, titre VII, art. 2). En se servant de ce mot, synonyme de *littus maris*, l'ordonnance a voulu indiquer que le rivage de la mer ne s'étendait pas dans les fleuves jusqu'où remonte le flot; si la grève est dans le domaine public, ce n'est pas parce qu'elle n'est pas susceptible de propriété privée, c'est parce qu'elle doit rester libre dans l'intérêt de la navigation. C'est, du reste, dans ce sens large que l'autorité judiciaire entend le mot grèves. (Cour de Douai, 10 janvier 1842; Cassation, 11 mars 1868.)

Que doit-on entendre par le « grand flot de mars »? C'est la plus grande marée de mars, et non la plus grande marée de l'année, si elle se place à un autre mois, car, sur ce point, enchaîné par le texte de l'ordonnance, nous ne pouvons admettre l'interprétation du ministre des travaux publics. Le commentateur de l'ordonnance de 1681, Valin, dit que, par rapport au rivage de la mer, il ne faut entendre que la partie jusqu'où s'étend ordinairement le grand flot de mars, laquelle partie est facile à reconnaître par le gravier qui y est déposé, et nullement l'espace où parvient quelquefois l'eau de la mer par les coups de vent forcés, causes et suites tout à la fois des ouragans et des tempêtes, et il cite, en ce sens, un arrêt du Parlement d'Aix, du 11 mai 1742. Dans une circulaire du 18 juin 1864, le ministre de la marine distingue également le grand flot de mars du flot de tempête.

Comment peut-on constater si le grand flot de mars a été augmenté par des causes météorologiques? L'*Annuaire* officiel des marées donne à l'avance les hauteurs de chaque marée, dans chaque port, d'après des calculs, basés sur l'action des astres, et dont les formules ont été données par Laplace, dans son traité de la *Mécanique céleste*. Nous estimons que, lorsqu'une marée constatée au marégraphe excède notamment la hauteur prévue à l'*Annuaire*, il y a, sinon certitude, du moins présomption, qu'elle a été influencée par des troubles météorologiques.

D'après l'ordonnance de 1681, les rivages doivent être couverts et recouverts par le flot : nous appelons l'attention du Conseil sur ces mots : il faut que le terrain soit non pas imbibé d'eau, mais recouvert d'une nappe qui le fasse disparaître. Enfin, à l'embouchure des fleuves, il peut y avoir lieu de tenir compte de cette circonstance que les eaux du fleuve refoulées par la marée produisent, même sur le rivage maritime, une plus grande extension du flot.

Comment distinguer le point où le rivage cesse d'être fluvial pour devenir maritime? Il y a souvent à l'embouchure des fleuves des baies profondes qui font indubitablement partie de la mer, la baie de la Tamise en fournit un exemple frappant. A défaut de tout texte pour résoudre cette question, nous pensons qu'on doit se guider sur les trois ordres de faits suivants : en premier lieu la configuration des côtes, leur écartement ou leur parallélisme, qui permet de reconstruire par la pensée la ligne qu'aurait suivie le rivage si le fleuve ne s'y était pas frayé un passage, ensuite, mais à titre accessoire, la nature des eaux qui viennent sur les rivages, et l'origine, maritime ou fluviale, des terres que ces eaux y déposent et qui forment les alluvions.

En terminant cet exposé de droit, nous indiquerons que la législation anglaise, telle qu'elle est rapportée par Daviel dans son *Traité des cours d'eau*, est différente de la nôtre. Elle comprend dans le domaine de la Couronne les terrains même en rivière couverts par le flot, mais seulement les terrains couverts par les marées normales, et non pas ceux qui ne sont atteints qu'à l'époque des grandes marées, et qui restent la propriété des riverains.

Nous abordons maintenant la question de la délimitation transversale de la Seine. Nous ne rechercherons l'origine de la baie de Seine, ni avec les géologues qui en attribuent la formation à un grand cours d'eau préhistorique, ni avec Bernardin de Saint-Pierre qui a dépeint les résistances opposées par la Seine à la mer dans un tableau des plus poétiques. Nous constaterons seulement que les documents anciens, les usages de la vicomté de Montévilliers, la Coutume de Normandie, aussi bien que les titres nombreux et authentiques de M. le duc de Mortemart, qualifient les terres de Graville, d'Harfleur et d'Orcher de voisines de la rivière de Seine. On peut aussi invoquer les titres et arrêts concernant les seigneurs de Tancarville. La terre de Tancarville, érigée en comté par le roi Jean par lettres patentes de 1351, appartenait au siècle dernier au duc de Luxembourg. Celui-ci eut à soutenir de nombreux procès pour se faire reconnaître les droits de pêcheries, d'alluvions et de marais, et il obtint gain de cause par les arrêts du Conseil des 30 mars 1780 et 4 novembre 1782.

En 1840, intervint le célèbre arrêt de la Cour de Rouen (26 août 1840) qui reconnaît aux alluvions des terrains Manneville le caractère fluvial. Dès 1834, l'administration s'occupe de procéder à la délimitation; après une longue instruction, le conseil général des ponts et chaussées, en 1866, émit l'avis que la limite de la Seine et de la mer devait être fixée au rétrécissement naturel formé par les pointes de la Roque et de Tancarville, à six lieues environ du Havre. Le décret de 1869 la porte plus en aval, conformément à l'avis du préfet, à la hauteur du cap du Hode. Si on a reporté au Hode la limite, primitivement proposée à Tancarville, c'est parce que, ainsi que l'explique M. E. Reclus dans sa *Géographie de la France*, les travaux d'endiguement de la Seine et d'exhaussement des prairies riveraines auraient eu pour résultat de changer, sur ce point, la baie de Seine en un simple estuaire fluvial.

La délimitation du Hode à Grestain est-elle exacte? Ou doit-on admettre, avec les riverains, que la seule délimitation possible est beaucoup plus en aval, sur la ligne du Hoc à Honfleur? M. Baude (*Revue des Deux-Mondes* 1854) va beaucoup plus loin et assigne pour limite à l'embouchure de la Seine, le cap de la Hève et la pointe de Beuzeval.

Considérons d'abord l'aspect géographique des côtes. Elles sont très-dissemblables sur les deux rives : au Nord, ce sont de hautes falaises ; au Sud, de très-basses collines. Mais il n'y a aucun argument à tirer de cette dissemblance, car les falaises de la rive nord se prolongent fort avant en Seine, et on en retrouve de semblables à Rouen et même plus loin. Mais il y a un fait qui frappe vivement celui qui arrive par la Seine à Tancarville et à Quillebeuf : au lieu d'un fleuve d'une largeur de 400 mètres, le regard embrasse tout à coup une immense crique naturelle qui, en certains points, a jusqu'à 9 kilomètres de large ; on éprouve une sensation semblable à celle que ressent le voyageur à Rome, en pénétrant dans l'enceinte du Colysée, la sensation du grand. Du cap du Hode à Grestain, la largeur de l'estuaire est de 5,740 mètres, d'Oudalle à Saint-Sauveur, elle atteint 9,600 mètres, elle se resserre à 6,250 mètres du Hoc à Honfleur, et après ces deux points, les deux côtes s'écartent vers Villerville et vers le Havre. La ligne du Hode nous paraîtrait être une limite normale, si, après le vaste élargissement d'Oudalle, la baie ne se rétrécissait pas à Honfleur ; mais le rétrécissement de Hoc à Honfleur semble indiquer la vraie limite géographique, et le fait même que la pointe du Hoc, où cesse le galet, est déformée par l'effort de la mer, indique qu'elle constitue, en quelque sorte, la porte de la Seine.

En ce qui concerne les eaux à marée basse, la Seine est comme perdue au milieu des bancs de sable ; son chenal, en état de vagabondage, suivant l'expression du préfet, varie constamment ; les cartes, d'après leurs dates, lui assignent un cours tout différent, tous les quinze jours, une carte du chenal est dressée et distribuée aux pilotes par le service des ponts et chaussées, à marée basse, la mer se retire à 12 kilomètres du Hode et il n'y a d'autre eau dans la baie que celle de la Seine ; à marée haute, la mer se précipite dans l'estuaire ; elle couvre les sables et quelquefois les alluvions. Des expériences intéressantes ont été faites par le service des ponts et chaussées, et, tout récemment, par la canonnière la *Lionne* sur le degré de salure des eaux. La salure moyenne de l'eau, dans la rade du Havre, est de 30 grammes par litre. Dans l'estuaire, la salure de l'eau, aux petites marées, est de 20 grammes par litre à mer haute et de 5 grammes à mer basse ; aux grandes marées, elle est, à mer basse, de 10 grammes par litre, et, à mer haute, de 29 grammes, et cette salure, presque égale à celle du Havre, a été constatée au fond de la baie, à Berville. L'eau salée est donc, au moment de la pleine mer, prédominante, et la Seine est alors perdue dans l'estuaire comme le Rhône au milieu du lac de Genève.

Au point de vue géologique, nous constaterons que les alluvions se forment rapidement, disparaissent de même pour se reformer ensuite et diffèrent ainsi des alluvions ordinaires qui sont définies par l'article 556 du Code civil, les accroissements se forment successivement et imperceptiblement aux fonds riverains d'un fleuve ou d'une rivière. Tous ceux qui se sont occupés de ces alluvions en attribuent la formation à la destruction des falaises des côtes de la Manche et au transport des sédiments qui en proviennent et que les eaux déposent sur les rives de l'estuaire; telle est l'opinion développée par M. Marchal, en 1854, dans les *Annales des ponts et chaussées*, par M. Estignard, ingénieur hydrographe, dans un rapport de 1878, sur le régime des côtes, et par M. Lennier. Les falaises de la Hève sont en état de destruction permanente; l'église de Sainte-Adresse était autrefois sur le banc de l'Éclat, aujourd'hui à 1,400 mètres en mer. M. Lennier cite deux éboulements considérables survenus en 1861 et 1866. Il n'est donc pas douteux que la mer manifeste sa prépondérance sur la formation des alluvions.

Mais ces constatations, sur des points accessoires, ne sont pas décisives, et nos doutes s'accentuent par la comparaison de la délimitation de la Seine avec celle de la Gironde (décret du 26 août 1857, de la pointe de Grave à la pointe de Suzac), et de la Loire (décret du 8 novembre 1854, de la pointe de Penhoët au fort Mindin), qui toutes deux sont tracées au point extrême où cesse le parallélisme des rives; nous devons toutefois constater que la délimitation de la Somme, fixée par le décret du 29 février 1860, au pont du chemin de fer de Saint-Valéry, et celle de l'Adour fixée par le décret du 18 décembre 1858 aux digues de Bayonne, font remonter la mer dans des baies à rives presque parallèles, mais on ne constate, dans ces deux fleuves, après ce point de délimitation, aucun rétrécissement des rives.

Tels sont les éléments un peu contradictoires de la question : pour la résoudre et fixer notre opinion, nous croyons devoir nous référer à un dernier ordre d'argument, entièrement favorable à la thèse des riverains, l'argument historique. Il est certain que les alluvions ont la possession d'état d'alluvions fluviales; elles sont ainsi expressément dénommées dans l'important arrêt du Conseil du 4 mai 1782, rendu au profit du duc de Montmorency, et dans un autre arrêt du Conseil de

1786, rendu à la suite de remontrances du Parlement de Rouen, relativement à une concession d'alluvions faites au mépris des droits des riverains, arrêt qui fut si célèbre qu'Henrion de Pansey nous dit qu'on fit frapper une médaille pour en perpétuer le souvenir; elles sont aussi qualifiées de même dans l'arrêt de la cour de Rouen du 26 août 1840, confirmé par la Cour de cassation le 22 juillet 1841. La ligne du Hoc à Honfleur est tellement la ligne classique de délimitation, qu'elle est citée comme exemple de délimitation naturelle par Daviel dans son *Traité des cours d'eau*. Le décret de 1869 nous paraît irrégulier, comme ayant méconnu cette délimitation consacrée par des décisions judiciaires dont rien ne détruit à nos yeux l'autorité, et, en proposant de l'annuler, nous sommes d'accord avec la doctrine exposée dans l'arrêt du Conseil d'État, sur la délimitation de la Canche, du 27 mai 1863.

La question de la délimitation latérale est beaucoup plus simple. C'est la limite atteinte par la marée du 30 mars 1873 qui a servi à fixer la ligne séparative du domaine public et des héritages riverains, mais cette marée n'était-elle pas exceptionnelle? La commission du Conseil d'État a assisté, le 10 août, à une marée de 8^{m},05, et le 11 à une marée de 8^{m},10; c'est la hauteur même de la marée prévue du 30 mars 1873. Or, voici ce que nous avons constaté. Le 10 août, à l'heure de la pleine mer et par un violent vent d'Ouest, sur la rive nord, une vaste bande de terrain, cultivée en prairies, d'une largeur de 800 mètres, et entièrement comprise dans la délimitation, était absolument soustraite à l'envahissement des eaux de la marée; cette constatation a été pour nous saisissante. Le 11 août, sur la rive sud, où les terrains sont moins élevés, nous avons constaté que les alluvions étaient couvertes par la marée; toutefois, à Piquefleur, les terrains Manneville, qui ont fait l'objet de l'arrêt de la cour de Rouen de 1840, n'avaient été que partiellement atteints : un brigadier des douanes, présent sur les lieux depuis deux jours, nous a déclaré que la marée de la veille avait atteint la même hauteur.

Mais, nous dira-t-on, pour apprécier la légalité de la délimitation, il ne faut pas se placer en 1881, ni même en 1877, date du décret, mais en 1873, date des opérations de la commission de délimitation; c'est à cette date que l'excès de pouvoirs, si excès de pouvoirs il y a, doit être établi. Ce point nous paraît contestable, mais nous le concédons et nous nous plaçons en 1873. Peut-on expliquer ce fait, que les terrains, couverts en 1873, ne l'étaient plus en 1881, par un exhaussement des terrains? Certainement non. Si l'exhaussement s'était produit, ce serait avant 1875, car la carte hydrographique dressée en 1875 constate sur la rive droite de nombreuses cotes supérieures à $8^m,20$ au-dessus du zéro des cartes à une grande distance de la falaise, jusqu'à laquelle s'étend la délimitation de 1877 ; on trouve même une cote de $8^m,80$ à 500 mètres de cette falaise. Sur la rive gauche, il y a aussi des cotes de $8^m,10$ et $8^m,20$, mais assez près de l'extrémité du rivage. Or, il est reconnu que l'exhaussement des terrains, rarement recouverts par les eaux, est très-faible, et cet exhaussement n'a pu être tel qu'il ait amené en deux ans le retrait des eaux sur une étendue de près d'un kilomètre de large.

La marée du 30 mars 1873 a-t-elle donc été augmentée par des causes météorologiques exceptionnelles? Cette marée, dont la hauteur prévue à l'*Annuaire* était de $8^m,10$, s'est élevée en fait à $8^m,38$; cette différence explique l'extension du flot sur des terrains presque plats, à une limite bien plus éloignée que celle qu'aurait atteinte un flot de $8^m,10$. Mais, dira-t-on, l'*Annuaire des marées* ne donne que des hauteurs présumées qui sont souvent dépassées.

Nous reconnaissons que les prévisions de l'*Annuaire* ne sont que des indications, et que le fait qu'elles ont été dépassées ne suffit pas pour établir que la marée a été exceptionnelle. Mais voici, suivant nous, une preuve décisive établissant que la marée du 30 mars 1873 a été anormale. Cette marée, qui devait être de $8^m,10$, chiffre assez élevé et plus haut que la moyenne des grandes marées de mars depuis 1869, qui est de $8^m,03$, a été de $8^m,38$, soit un excédant de 28 centimètres. Le 10 août, nous avons assisté à une marée de $8^m,05$, alors que la hauteur prévue était de $7^m,80$, soit un excédant de 25 centimètres, à peu près le même que celui constaté en 1873. Or, nous pouvons affirmer que la marée du 10 août 1881 a été une marée anormale, influencée par un violent vent d'Ouest qui soufflait très-fort, avec grains de pluie ; la mer était grosse au large et dans l'avant-port du Havre. Nous sommes donc fondés à dire qu'un excédant de 28 centimètres sur la marée prévue à l'*Annuaire* indique une marée influencée par des causes météorologiques exceptionnelles.

La conséquence que nous en tirons, c'est que, incontestablement, sur la rive nord, la marée normale, la seule qui, suivant le commentaire de Valin, peut servir de base à la délimitation, n'aurait pas atteint une notable partie des terrains d'alluvions, donc le décret de délimitation doit être annulé.

La même solution nous paraît s'imposer pour la rive sud, bien que l'on puisse dire que le flot normal de mars aurait pu atteindre les terrains. Il ne les eût pas tous atteints, d'après les constatations que nous avons faites sur les terrains Manneville, et, d'ailleurs, l'opération de la délimitation, faite le même jour sur les deux rives par des commissions nommées par le même préfet, est indivisible.

Telles sont les impressions que nous avons rapportées de la visite faite sur les rives de la baie de Seine; la plus saisissante est certainement celle que nous a laissée l'aspect des terrains d'alluvions soustraits, le 10 août, à l'action du grand flot de la marée.

Nous estimons que le décret de délimitation latérale de 1877 est irrégulier; mais nous rappelons que nous avons émis une opinion analogue au sujet du décret de délimitation transversale de 1869, qui nous paraît avoir méconnu toutes les traditions normandes, en affirmant à tort que la ville du Havre, bâtie au XVIe siècle sur des alluvions fluviales, est aujourd'hui à plusieurs lieues des rives de la Seine.

Nous concluons à l'annulation des décrets de délimitation de 1869 et de 1877 et au rejet des conclusions à fin de dépens, l'affaire n'étant pas de celles dans lesquelles l'État puisse, par application du décret du 2 novembre 1864, être condamné aux dépens. »

Arrêt du Conseil d'État.

RÉPUBLIQUE FRANÇAISE.

Au nom du peuple français.

Le Conseil d'État statuant au contentieux,

Sur le rapport de la section du contentieux,

Vu la décision, en date du 22 juillet 1881, par laquelle le Conseil d'État statuant au contentieux, sur les pourvois des sieurs et dames Duval et autres, Germain et autres et Droulin et autres, tendant à l'annulation pour excès de pouvoirs d'un décret du Président de la République, du 9 juin 1877, qui a fixé les limites du rivage de la mer dans la baie de Seine, ensemble, en tant que de besoin, d'un précédent décret du 24 février 1869, lequel a tracé la délimitation transversale entre la mer et la Seine, à l'embouchure du fleuve, suivant une ligne partant du cap du Hode, sur la rive droite, et aboutissant, sur la rive gauche, à l'abbaye de Grestain, en aval de Berville, — décide qu'il sera procédé avant faire droit au fond, tous droits et moyens réservés, à une visite des lieux, en présence des parties ou elles dûment appelées, par MM. Laferrière, président de la section du contentieux, amiral Bourgois et Tirman, conseillers d'État, auxquels s'adjoindront MM. Mathéus, maître des requêtes, rapporteur, et Le Vavasseur de Précourt, commissaire du Gouvernement, pour être ensuite statué par le Conseil d'État au contentieux, ainsi qu'il appartiendra;

Vu le rapport de la visite des lieux sur les rives nord et sud de la baie de Seine, à laquelle il a été procédé, à la date des 9, 10 et 11 août 1881, par la commission instituée par la décision ci-dessus visée, ledit rapport présenté par M. le vice-amiral Bourgois, conseiller d'État, au nom de la commission et enregistré au secrétariat du contentieux du Conseil d'État le 4 novembre 1881;

Vu les observations présentées par le ministre des travaux publics, en réponse à la communication qui lui a été donnée du rapport ci-dessus visé de la visite des lieux, lesdites observations enregistrées comme ci-dessus le 31 décembre 1881, et tendant au maintien des décrets attaqués, par le motif que la visite des lieux a démontré l'exactitude et la régularité, d'une part, de la délimitation transversale entre la Seine et la mer opérée par le décret du 24 février 1869, d'autre part, de la délimitation latérale du rivage de la mer dans la baie de Seine opérée par le décret du 9 juin 1877 ;

Vu les observations présentées par le ministre de la marine, en réponse à la même communication que ci-dessus, lesdites observations enregistrées comme ci-dessus le 3 janvier 1882 ;

Vu les observations présentées par le ministre des finances, en réponse à la même communication que ci-dessus, lesdites observations enregistrées comme ci-dessus le 6 janvier 1882 ;

Vu les observations présentées pour les riverains de la rive droite de l'embouchure de la Seine sur le rapport présenté au nom de la commission du Conseil d'État, lesdites observations enregistrées comme ci-dessus le 7 janvier 1882, et tendant à ce qu'il plaise au Conseil, attendu, en premier lieu, que les terrains possédés par les requérants dans l'estuaire de la Seine sont riverains, non de la mer, mais du fleuve, et ne constituent pas des grèves, auxquelles les dispositions de l'ordonnance de 1681 sur la marine, relatives à la détermination du rivage maritime, soient applicables ; — en second lieu et subsidiairement, attendu que lesdits terrains ne sont pas recouverts par le flot de mars, dans les termes de ladite ordonnance, — annuler, pour excès de pouvoirs et violation de l'ordonnance de 1681 sur la marine, le décret du 9 juin 1877, sous toutes réserves, notamment sous réserve expresse à fin d'indemnité, en cas de dépossession ;

Vu les observations présentées pour les riverains de la rive gauche de l'embouchure de la Seine, sur le rapport ci-dessus relaté, lesdites observations enregistrées comme ci-dessus les 7 et 26 janvier 1882, et tendant aux mêmes fins que les conclusions précédemment prises au nom desdits requérants, par les mêmes moyens que ceux produits, comme il est dit ci-dessus, pour les riverains de la rive droite, et, en outre, attendu que les décisions judiciaires auraient reconnu, en ce qui concerne une partie desdits requérants, que les terrains qu'ils possèdent sont des alluvions fluviales et qu'ils en sont propriétaires ;

Vu les décrets des 24 février 1869 et 9 juin 1877 ;

Vu l'arrêté du préfet de l'Eure, du 1er mai 1878, portant publication du décret du 9 juin 1877 ;

Vu toutes les pièces produites et jointes au dossier;

Vu l'ordonnance d'août 1681 sur la marine, livre IV, titre VII, article 1er;

Vu la loi du 22 décembre 1789, 8 janvier 1790, section 3, article 2, et le décret du 21 février 1852 ;

Vu la loi des 7-14 octobre 1790 et celle du 24 mai 1872;

Vu le décret du 2 novembre 1864 ;

Ouï M. Mathéus, maître des requêtes, en son rapport;

Ouï Me Gosset, avocat des sieurs Duval et autres, et de Me Boivin-Champeaux, avocat des sieurs et dames Germain et autres, en leurs observations;

Ouï M. Le Vavasseur de Précourt, maître des requêtes, commissaire du Gouvernement, en ses conclusions ;

En ce qui touche la délimitation transversale de la mer et de la Seine à son embouchure, à laquelle il a été procédé par le décret du 24 février 1869 :

Considérant qu'il résulte de l'instruction que le décret du 24 février 1869, en fixant la délimitation transversale de la mer et de la Seine à son embouchure, d'après une ligne partant du cap du Hode, au Nord, et aboutissant, au Sud, à un point en aval de Berville, n'a pas étendu le domaine maritime au delà de ses limites naturelles par rapport à l'embouchure de la Seine;

Considérant, en effet, que le relief et la direction des côtes, dont le parallélisme antérieur a définitivement disparu, l'étendue et la forme du bassin qu'elles circonscrivent en aval de la délimitation contestée, révèlent l'existence d'une baie maritime qui pénètre à une certaine profondeur dans les terres, et dans laquelle la Seine a son embouchure; que si les eaux du fleuve parcourent cette baie, avant de gagner la pleine mer, en suivant un chenal, relativement étroit, dont la direction est mouvante et variable, il ne s'ensuit pas que ladite baie puisse être considérée comme formant le lit du fleuve;

Considérant, d'autre part, que les eaux qui occupent la baie, en dehors du chenal dont il a été fait mention, sont les eaux de la mer, qui s'élèvent où s'abaissent selon le mouvement des marées, et dont le volume dépasse dans des proportions considérables celui des eaux fluviales ;

Considérant enfin que les atterrissements qui se forment dans la baie ou sur ses bords, proviennent, non des apports du fleuve, mais des eaux de la mer qui déposent dans l'estuaire les matériaux enlevés par elles aux rivages de la pleine mer ; qu'ainsi le caractère maritime de la baie de Seine, en aval de la délimitation contestée, résulte à la fois de la configuration physique de ladite baie, de la nature des eaux qui l'occupent et de la nature des atterrissements qui s'y forment; qu'il suit de là que les requérants ne sont pas fondés à demander l'annulation de la délimitation dont il s'agit;

En ce qui touche la délimitation latérale du rivage de la mer dans la partie nord et la partie sud de la baie à laquelle il a été procédé par le décret du 9 juin 1877 :

Considérant que le décret du 9 juin 1877 a fixé la limite du rivage de la mer, dans la partie nord et la partie sud de la baie, en aval de la délimitation transversale fixée par le décret précédent, d'après la ligne atteinte par le flot dans la marée du 30 mars 1873, conformément au tracé fait sur les lieux par une commission instituée à cet effet;

Mais considérant qu'il résulte de l'instruction et notamment de la vérification faite par la commission instituée par la décision du 22 juillet 1881, que la marée observée en mars 1873, qui a servi de base à la délimitation attaquée aujourd'hui par les riverains, a été influencée par des circonstances météorologiques exceptionnelles, sans lesquelles le flot n'aurait pas atteint la hauteur où il est parvenu; que les requérants sont fondés à se prévaloir de cette circonstance pour demander l'annulation de la délimitation intervenue, laquelle a pu avoir pour effet de comprendre dans le rivage de la mer, même dans la partie sud, des terrains qui ne sont pas habituellement couverts par le grand flot de mars, dans le sens de l'article 1er du titre VII du livre IV de l'ordonnance d'août 1681 sur la marine;

En ce qui touche l'arrêté du préfet de l'Eure, du 1er mai 1878, portant publication du décret du 9 juin 1877 :

Considérant que cet arrêté, qui ne fait que porter le décret ci-dessus relaté à la connaissance des intéressés, constitue seulement un acte de notification qui ne peut faire l'objet d'un recours contentieux;

Sur les conclusions à fin de dépens :

Considérant que le pourvoi formé par les sieurs Duval et autres contre les décrets de délimitation ci-dessus visés ne rentre pas parmi ceux auxquels s'appliquent les dispositions du décret du 2 novembre 1864 ; qu'il n'y a lieu, dès lors, d'allouer aucuns dépens;

Décide :

Article 1er. — Le décret ci-dessus visé du 9 juin 1877, portant délimitation du rivage de la mer dans la partie nord et la partie sud de la baie de Seine, en aval de la délimitation transversale fixée par le décret du 24 février 1869, est annulé.

Art. 2. — Le surplus des pourvois des sieurs Duval et autres, Germain et autres et Droulin et autres est rejeté.

Art. 3. — Expédition de la présente décision sera transmise aux ministres de la marine, des travaux publics et des finances.

Adoptée le 3 mars 1882.

Lue en séance publique le 10 mars 1882.

Nancy. — Imprimerie Berger-Levrault et Cie.

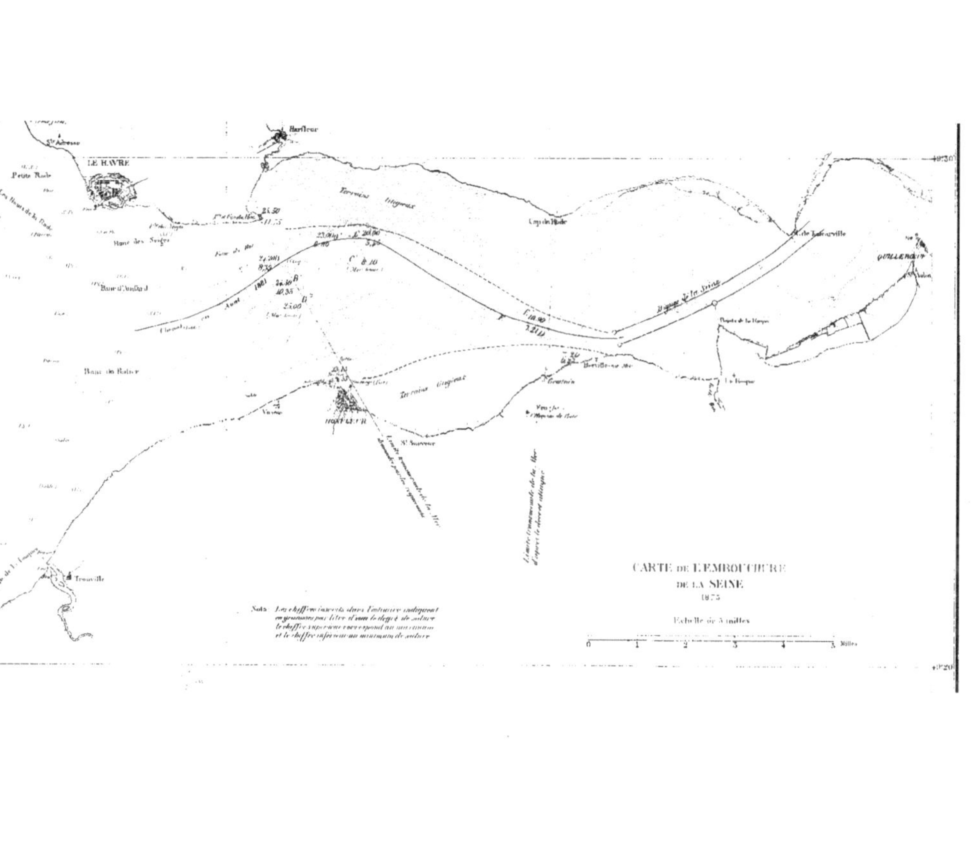
CARTE DE L'EMBOUCHURE
DE LA SEINE
1875
Echelle de 5 milles
0 1 2 3 4 5 Milles
LE HAVRE
Ste Adresse
Petite Rade
Harfleur
Banc des Seines
Banc d'Amfard
Banc du Ratier
Terrains litigieux
Cap du Hode
Digue de la Seine
GUILLEBOEUF
HONFLEUR
St Sauveur
Trouville

www.ingramcontent.com/pod-product-compliance
Lightning Source LLC
LaVergne TN
LVHW050425160826
845677LV00002BA/547
9782329695891